U0395698

格致方法·定量研究系列　吴晓刚　主编

潜类别分析

[美]艾伦·L.麦卡琴（Allan L. McCutcheon）　著

许多多　译　贺光烨　校

SAGE Publications, Inc.

格致出版社　上海人民出版社

出版说明

由香港科技大学社会科学部吴晓刚教授主编的"格致方法·定量研究系列"丛书,精选了世界著名的SAGE出版社定量社会科学研究丛书,翻译成中文,起初集结成八册,于2011年出版。这套丛书自出版以来,受到广大读者特别是年轻一代社会科学工作者的热烈欢迎。为了给广大读者提供更多的方便和选择,该丛书经过修订和校正,于2012年以单行本的形式再次出版发行,共37本。我们衷心感谢广大读者的支持和建议。

随着与SAGE出版社合作的进一步深化,我们又从丛书中精选了三十多个品种,译成中文,以飨读者。丛书新增品种涵盖了更多的定量研究方法。我们希望本丛书单行本的继续出版能为推动国内社会科学定量研究的教学和研究作出一点贡献。

总　序

2003 年,我赴港工作,在香港科技大学社会科学部教授研究生的两门核心定量方法课程。香港科技大学社会科学部自创建以来,非常重视社会科学研究方法论的训练。我开设的第一门课"社会科学里的统计学"(Statistics for Social Science)为所有研究型硕士生和博士生的必修课,而第二门课"社会科学中的定量分析"为博士生的必修课(事实上,大部分硕士生在修完第一门课后都会继续选修第二门课)。我在讲授这两门课的时候,根据社会科学研究生的数理基础比较薄弱的特点,尽量避免复杂的数学公式推导,而用具体的例子,结合语言和图形,帮助学生理解统计的基本概念和模型。课程的重点放在如何应用定量分析模型研究社会实际问题上,即社会研究者主要为定量统计方法的"消费者"而非"生产者"。作为"消费者",学完这些课程后,我们一方面能够读懂、欣赏和评价别人在同行评议的刊物上发表的定量研究的文章;另一方面,也能在自己的研究中运用这些成熟的方法论技术。

上述两门课的内容,尽管在线性回归模型的内容上有少量重复,但各有侧重。"社会科学里的统计学"从介绍最基本的社会研究方法论和统计学原理开始,到多元线性回归模型结束,内容涵盖了描述性统计的基本方法、统计推论的原理、假设检验、列联表分析、方差和协方差分析、简单线性回归模型、多元线性回归模型,以及线性回归模型的假设和模型诊断。"社会科学中的定量分析"则介绍在经典线性回归模型的假设不成立的情况下的一些模型和方法,将重点放在因变量为定类数据的分析模型上,包括两分类的 logistic 回归模型、多分类 logistic 回归模型、定序 logistic 回归模型、条件logistic 回归模型、多维列联表的对数线性和对数乘积模型、有关删节数据的模型、纵贯数据的分析模型,包括追踪研究和事件史的分析方法。这些模型在社会科学研究中有着更加广泛的应用。

修读过这些课程的香港科技大学的研究生,一直鼓励和支持我将两门课的讲稿结集出版,并帮助我将原来的英文课程讲稿译成了中文。但是,由于种种原因,这两本书拖了多年还没有完成。世界著名的出版社 SAGE 的"定量社会科学研究"丛书闻名遐迩,每本书都写得通俗易懂,与我的教学理念是相通的。当格致出版社向我提出从这套丛书中精选一批翻译,以飨中文读者时,我非常支持这个想法,因为这从某种程度上弥补了我的教科书未能出版的遗憾。

翻译是一件吃力不讨好的事。不但要有对中英文两种语言的精准把握能力,还要有对实质内容有较深的理解能力,而这套丛书涵盖的又恰恰是社会科学中技术性非常强的内容,只有语言能力是远远不能胜任的。在短短的一年时间里,我们组织了来自中国内地及香港、台湾地区的二十几位研究生参与了这项工程,他们当时大部分是香港科技大学的硕士和博士研究生,受过严格的社会科学统计方法的训练,也有来自美国等地对定量研究感兴趣的博士研究生。他们是香港科技大学社会科学部博士研究生蒋勤、李骏、盛智明、叶华、张卓妮、郑冰岛,硕士研究生贺光烨、李兰、林毓玲、肖东亮、辛济云、於嘉、余珊珊,应用社会经济研究中心研究员李俊秀;香港大学教育学院博士研究生洪岩璧;北京大学社会学系博士研究生李丁、赵亮员;中国人民大学人口学系讲师巫锡炜;中国台湾"中央"研究院社会学所助理研究员林宗弘;南京师范大学心理学系副教授陈陈;美国北卡罗来纳大学教堂山分校社会学系博士候选人姜念涛;美国加州大学洛杉矶分校社会学系博士研究生宋曦;哈佛大学社会学系博士研究生郭茂灿和周韵。

参与这项工作的许多译者目前都已经毕业,大多成为中国内地以及香港、台湾等地区高校和研究机构定量社会科学方法教学和研究的骨干。不少译者反映,翻译工作本身也是他们学习相关定量方法的有效途径。鉴于此,当格致出版社和SAGE出版社决定在"格致方法·定量研究系列"丛书中推出另外一批新品种时,香港科技大学社会科学部的研究生仍然是主要力量。特别值得一提的是,香港科技大学应用社会经济研究中心与上海大学社会学院自2012年夏季开始,在上海(夏季)和广州南沙(冬季)联合举办《应用社会科学研究方法研修班》,至今已经成功举办三届。研修课程设计体现"化整为零、循序渐进、中文教学、学以致用"的方针,吸引了一大批有志于从事定量社会科学研究的博士生和青年学者。他们中的不少人也参与了翻译和校对的工作。他们在繁忙的学习和研究之余，历经近两年的时间，完成了三十多本新书的翻译任务，使得"格致方法·定量研究系列"丛书更加丰富和完善。他们是：东南大学社会学系副教授洪岩璧，香港科技大学社会科学部博士研究生贺光烨、李忠路、王佳、王彦蓉、许多多，硕士研究生范新光、缪佳、武玲蔚、臧晓露、曾东林，原硕士研究生李兰，密歇根大学社会学系博士研究生王骁，纽约大学社会学系博士研究生温芳琪，牛津大学社会学系研究生周穆之，上海大学社会学院博士研究生陈伟等。

陈伟、范新光、贺光烨、洪岩璧、李忠路、缪佳、王佳、武玲蔚、许多多、曾东林、周穆之，以及香港科技大学社会科学部硕士研究生陈佳莹，上海大学社会学院硕士研究生梁海祥还协助主编做了大量的审校工作。格致出版社编辑高璇不遗余力地推动本丛书的继续出版，并且在这个过程中表现出极大的耐心和高度的专业精神。对他们付出的劳动，我在此致以诚挚的谢意。当然，每本书因本身内容和译者的行文风格有所差异，校对未免挂一漏万，术语的标准译法方面还有很大的改进空间。我们欢迎广大读者提出建设性的批评和建议，以便再版时修订。

我们希望本丛书的持续出版，能为进一步提升国内社会科学定量教学和研究水平作出一点贡献。

吴晓刚
于香港九龙清水湾

目 录

序

在本书中,艾伦·L.麦卡琴(Allan L.McCutcheon)向读者介绍了一个处于迅速发展中的用以分析分类变量的方法论。潜类别分析使我们能够通过对几个分类显(观测到的)变量的关系结构分析得出分类潜(未观测到的)变量。这一方法经常被称作"分类数据的类因子分析",它最初是针对调查数据分析而设计的。作为一项探索性的技术,潜类别分析可以被用来将一系列分类别赋值的变量简化为一个包含一系列潜在类型或"类别"的潜变量。作为一个验证性的方法,潜类别模型可以被用来检验研究者对观测变量之间关系结构的先验性判断的假设。潜类别技术的最新发展很有希望使得这个方法论成为调查研究者和其他想要检验两个或以上分类变量之间关系结构的学者可用的最为强大和灵活的建模技术之一。

麦卡琴教授强调了运用潜类别分析的合理性。在较早的章节中,作者讨论了正式潜类别模型的逻辑与应用,并分别说明了探索性和验证性潜类别模型的应用。第 4 章包括了潜类别模型在检验一系列调查条目的尺度属性方面的运用。分析将以美国选举参与为例,这个例子建立在哥特曼(Guttman)尺度的逻辑之上并且检验了之后由普罗科特(Proctor)、拉扎斯菲尔德(Lazarsfeld)、古德曼(Goodman)以及其他学者提出的对这一尺度分析的扩展。第 5 章主要介绍了潜类别分析的一个重要的新发展,即同时对两个或多个总体的潜在结构进行建模。这一应用为调查分析者提供了一个强大的可用来进行比较分析的新方法。

　　具有良好的代数实践知识的人阅读这本书应该是轻而易举的。因此,就本书中潜类别分析的相关介绍,大多数社会科学学科的调查分析者和研究者都会发现它既实用又易读。

理查德·G.尼米

第 1 章

导言：潜变量的逻辑

第 1 节｜**基本方向**

在社会科学中,很多概念是不能被直接观测到的。比如说,我们不能直接观测到独裁主义、经济发展、种族偏见、异化、失范或宗教皈依。确实,对于其他数以百计的在理论上很有趣的概念,现有的测量都被假定为描述该概念的不完美指标。举个例子,虽然我们不能直接观测到宗教皈依,但是我们可能相信皈依程度越高,人们去教堂的频率就越高,祷告得越频繁,行为就越正统,宗教信仰对于他们也就更加重要,诸如此类。正因为相信每一个被观测到的指标都是源自一个未被观测到的,或者说潜在的感兴趣的变量,我们预期在观测到的测量之间存在共变,并且通过研究可观测的指标之间的内在关系模式来理解和刻画深层的潜变量。

潜变量研究的基本前提是:在显变量(观测变量)中切实观测到的共变是基于每一个显变量与潜变量的关系而得,即潜变量"解释了"观测变量之间的关系。如果存在这样一个变量,并且可以被特征化,那么控制这个潜变量将会使在所有观测变量之间的共变降低到机会共变的层次。结果就是,这个潜变量将会被认为是原来观察到的共变的"真正"来源。例如,如果在机会共变的范围以内,一个潜变量解释了观测到的去教堂的频率、祷告的频率和自报的宗教重要性之间的关系,我们则很有可能将该潜变量描述为宗教皈依。

大部分有关潜变量的早期著作都是用的因子分析——一项通过分析一系列连续的(或者有时是二分的)可观测指标将连续潜变量特征化的技术。由于因子分析可以将大量的观测变量减少为很少的几个潜在因子,而且估计出来的因子分数可以被用于回归分析,因此回归分析的广泛运用无疑使得这个方法变得十分流行。加之,居莱斯科格等人(Jöreskog & Sörbom,1979)对协方差结构分析和线性结构方程模型的贡献,又为那些通过分析连续显变量的关系而将连续潜变量特征化的模型参数估计提供了有效的方法。

然而直到最近,社会研究者们都没有发展出类似的技术来分析离散(类别)数据。学者们对研究离散数据的方法感兴趣的原因有二:一是人们意识到很多变量——不管是观测到的还是未观测到的——都不是连续的。例如,我们的兴趣变量有可能是一个由几个构成变量的值相结合而建构的类型变量。类型变量允许分析者将注意力集中于那些实际发生了的组合,而不是所有可能发生的构成变量的组合(Stinchcombe,1968:41—47)。这些变量本质上是类别变量并且可以大大改进理论和分析。二是观测变量既可以被测量为定类变量,也可以被测量为定序变量。实际上,在几个被广泛分析的社会科学数据当中,超过半数的可用的变量都为类别变量(Clogg,1979)。

对于定类、定序层次数据,最近的发展提供了一系列参数因果分析的技术。比如在线性概率、对数线性、logit 和 probit 分析等方面的发展,为当前的研究者们提供了众多强大的技术,令分析定类、定序层次的因变量和自变量之间因果关系成为可能（参见 Goodman，1972；Haberman，1979；Maddala，1983；Aldrich & Nelson，1984）。从而，研究者们在选择既符合理论要求又适合于测量的实质要求的分析技术方面的能力越来越强。

　在这本书中，我们会就基于离散潜变量的潜类别模型的运用进行讨论。正如我们将看到的，潜类别分析在研究类别变量方面是等价于现代因子分析方法的。更重要的是，潜类别模型既不受多元回归中正态假设的约束，也不受所用测量的连续性假设的限制。

第 2 节 ｜ **什么是潜类别分析?**

　　拉扎斯菲尔德创造了潜结构分析这个术语来形容在分析态度测量的调查研究中如何通过数学模型将潜变量特征化(Henry,1983)。拉扎斯菲尔德将因子分析纳入一种基于观测到的连续变量以特征化潜在连续变量(因子)的潜结构分析方法。因而,潜类别分析可以被看作一种类似于因子分析的定性数据,它能帮助研究者在实证上将离散的潜变量从两个或更多的观测到的离散变量中识别出来(Green,1951,1952)。此外,还有两项技术进一步完善了整个潜结构方法体系:基于离散显变量将连续潜变量特征化的潜特征分析;基于连续显变量将离散潜变量特征化的潜剖面分析。

　　在帮助研究者从一系列观测变量中探索潜在结构(探索性分析)和验证关于潜在结构的假设(验证性分析)方面,潜类别模型与因子模型同样有用。然而不同于因子模型的是,一个被潜类别模型特征化的潜变量或许是单维的,例如,将对一系列可观测分类条目的尺度分析转化为对潜变量的定序测量的分析;这种特征化又或许是多维的,例如,将一系列可观测离散测量特征化以实证性的进行类型学上的分类。潜类别分析上的最新发展使得通过分析相同的显变量用以比较从多个总体中识别出来的那些潜变量成为可能(Clogg &

Goodman，1984，1985，1986）。这种灵活性令分析者们可以直接检验在一个总体中，一系列可观测测量是否可以确定为一个单维或多维的潜变量，以及在多个总体中，某一潜变量是否一直保持不变。

通常，潜类别分析使得从两个或多个可观测类别变量的交叉分类中对一个多维离散的潜变量特征化成为可能。潜类别分析让研究者得以识别出一系列互斥的潜类，这些潜类交代了由观测到的离散变量组成的一个交叉表中出现的个案分布。所以潜类别分析的一个重要用途在于类型分析，即：要么是作为一种方法对一系列可观测指标中隐含的那些潜类进行实证性的特征化，要么是作为一种方法来检验某一理论上的类型假设是否恰当地代表了数据。鉴于类型学在社会科学理论和研究中所扮演的举足轻重的角色，以及在识别和检验潜类中用到的其他数据分析方法所遇到的困难，潜类别分析被证实为一种在社会科学中极为重要的方法。

我们可以通过对一个普适主义价值和特殊主义价值数据的例子的重新分析来说明潜类别分析的一般形式，这个数据早先曾被托比和斯托福（Toby & Stouffer，1951）、拉扎斯菲尔德和亨利（Lazarsfeld & Henry，1968），以及古德曼（Goodman，1974，1975，1979）等人检验过。在此研究中，216 个哈佛和拉德克利夫的本科生在 1950 年被问到在四个角色冲突的情境中他们将会如何应对，内容如下：

你开着车并载着你的朋友，而你撞了一个行人。除了你的朋友知道你是在一个限速每小时 20 英里的区域开到了至少每小时 35 英里，没有其他目击者。你的律师说,如果你的朋友起誓作证当时的时速只有每小时 20 英里,你将可以避免严重的后果。那么,你有什么权利期望他保护你呢?(具有普遍性的回答是:作为一个朋友,我没有权利要求他碍于情面作伪证。)

其他包含类似受访者期望的情境包括:(1)医生朋友对于其雇主签订保单上的体检诊断表示怀疑,(2)戏剧评论家对一个应答者倾入全部积蓄投资拍摄的烂剧的评价,(3)董事会悄悄告知受访者有关公司面临财政破产的机密信息。实际的数据来源于一个(2×2×2×2=)16 格的交叉表,该内容在之前引用的文献中有报告,在这里省略了。

表 1.1 所报告的比例是关于四个研究项 16 格交叉表的潜类别分析结果。该表具体说明了我们是怎样获得这些结果的,以及与实际数据相比,这些结果是否足够好(它拟合得非常好),可以看出,在潜类别模型中实际存在着两种类型的概率。第一种类型的概率表明了在两个类别中的受访者回答具有普遍性的答案的可能性。例如,我们看到第一类的受访者(具有普遍性的)对四种情境给出具有普遍性的回答(0.769 到 0.993)的概率都很高,而第二类的受访者(具有特殊性的)仅对四种情境中的一个给出具有普遍性的回答(对于乘车的朋友是 0.714)表现出较高的概率。第二种类型的概率表明了在总体中两类受访者的相对频率。

利用表 1.1 中的信息,我们可以将 216 位受访者中的每一位都定义为在表达具有普遍性的价值或具有特殊性的价值。然而斯托福和托比是在 1950 年从哈佛和拉德克利夫本科生那里获得这些回答的,如果我们有来自其他组别的受访

者关于这四个问题的答案,如这两所学校 1950 年的研究生
或 1980 年的本科生,那么潜类别模型可以被用来比较两个
(或更多的)组别之间的普遍性-特殊性的潜结构;又或者,我
们可以利用潜类别模型来检验这四种情境。正如接下来将
看到的,潜类别模型在离散数据分析中可以被用来广泛检验
众多问题。

表 1.1   两类模型的具有普遍性的回答的概率及相对频率

观测变量	回 答 类 型	
	具有普遍性(Ⅰ)	具有特殊性(Ⅱ)
乘车的朋友	0.993	0.714
医生朋友	0.939	0.329
戏剧评论家朋友	0.926	0.354
董事会朋友	0.769	0.132
潜类别的相对频率	0.2797	0.7204

第 3 节 ｜ **内容大纲**

　　在第 2 章里,我们要介绍的是潜结构分析的逻辑和正式模型。很多读者一开始可能会想跳过这一章直接去看之后章节里的例子。然而,只有掌握了第 2 章所提及的模型,才能对潜类别分析有透彻的了解。在第 3 章里,我们要介绍潜类别分析的一些应用,并同时展示类型学分析的逻辑及其诠释;而且我们区分了潜类别模型的探索性和验证性的运用。在第 4 章里,我们主要关注二分和定序变量的尺度的潜结构模型的运用。在第 5 章里,我们会运用同时性潜类别分析以比较不同总体的潜结构。

第 **2** 章

潜类别分析

潜类别分析是一项分析类别数据中的关系的技术，即定类或定序测量层次的变量间的关系。潜类别分析中最基本的逻辑可以通过一个如表 2.1 所展示的简单数据交叉表看出。

表 2.1   假想的二项交叉表

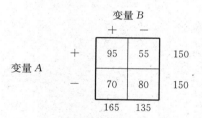

变量 B

		+	−	
变量 A	+	95	55	150
	−	70	80	150
		165	135	

这些数据表明，变量 A 和变量 B 是互不独立的。也就是说，表 2.1 中的信息证明在这个样本中，三个变量之间有相当紧密的内在联系，以至于我们不能将观测到的模式单独归因于变化（自由度为 1 的情况下 $\chi^2 = 8.42$，$p < 0.01$）。这里的卡方检验是按照一般习惯计算的：每一个格中预期比例（$\hat{P}_{ij}$）的估计值可通过相应行和列的边际比例的乘积计算得到：

$$\hat{P}_{ij} = \hat{P}_{i.} \times \hat{P}_{.j} \qquad (2.1)$$

而每一个格中的预期频率（$\hat{F}_{ij}$）的估计值可通过如下方法

计算：

$$\hat{F}_{ij} = N \times \hat{P}_{ij} \qquad (2.2)$$

其中,变量 A 被标记为 $i=1, 2$；变量 B 被标记为 $j=1, 2$；N 是样本量。[1]

如表 2.1 所示,对两个或多个变量之间关系的诠释,通常是取如下两种形式之一。第一种诠释形式涉及因果关系的概念,即研究者倾向于说变量 A 或变量 B 中的一个(即自变量)在因果顺序上先于另一个(即因变量)。第二种诠释形式并不涉及因果顺序的问题。罗森伯格将这种关系形式称为对称关系。他认为对称关系可以分为以下五种类型(Rosenberg,1968:3—7)：

同一概念的替代性指标是在尺度分析中最受研究者关注的对称关系类型——若干研究条目可能因为是同一潜在现象的指标而高度相关(如抑郁、异化、失范)。

一个一般"系统"或"综合体"的构成部分代表一种条目由于常例而相关的对称关系类型,如罗森伯格认为,喝马蒂尼鸡尾酒和观看歌剧之间的联系就可以归于一种一般综合体,我们将其称为"生活方式"。

要素功能性的相互依存,意味着由于变量在系统中的重要性,它们之间的相互联系很可能同时出现(或不出现),因此,在有着正式、抽象、非人格化规则的组织中,通常同时存在着行政规则、行动和书面记录的决策;而在组织中,当其中任意一个特征缺失时,其余的特征通常也不复存在。

一个共同起因的作用,意味着变量间的相互联系是归因于一个在因果上先于它们的变量,因此,在众多国家中我们可以观察到年人均千瓦输出电量和出生率之间呈反相关,但是我们更可能将这两者都归因于发展或科技水平,而不是电力输出影响出生率或者出生率影响电力输出。

偶发关系是指两个或多个变量所呈现的巧合相关,它们并没有逻辑上的关系,例如"摇滚乐和太空时代开始的粗略时间顺序关系"。

尽管克罗格(Clogg, 1981a)已经详细展示了如何在因果分析中使用潜类别技术,但潜类别分析在这种类型的诠释中还没有得到广泛使用。鉴于因果诠释需要用到更复杂的潜类别模型,我们将会把对这种诠释类型的讨论延后到之后一个章节。这里,我们将先讨论潜类别分析,然后就其最普遍和广泛的使用途径,即作为一个检验离散(类别)变量间的对称关系的方法进行介绍,其中罗森伯格的五类相关关系分别代表了在潜类别分析中的几种诠释。一个研究者对某一种诠释的选择要基于理论和逻辑的指导。使用潜类别方法来分析尺度的研究者可能会将不同测量间的关系解释为是同一概念的替代性指标。在第4章,我们会对分析尺度中潜类别分析技术的使用进行详尽考察。对称关系的诠释,不管是作为一个一般综合体的构成部分、功能性的相互依存,或是一般原因的作用,都在类型学研究中广泛使用。在类型学分析中,运用潜类别分析技术代表了潜类别模型最普遍的形式,从而,这种一般模型为之后的大部分内容提供了解释的焦点。

　　潜类别方法上的最新发展为这一分析方法在不同总体中尺度和类型学的比较分析提供了独到的见解（Clogg & Goodman，1984，1985，1986）。所以，当不同的总体代表了不同的社会群体（如不同地区、种族或政治特征）时，潜类别分析方法可以被用以比较基于同一测量的每一个社会群体的尺度特征和类型学。当我们在同一研究总体中两次或多次地鉴定潜在类别时（例如，当调查研究者分析趋势研究中的几个截面时），潜类别分析者可以研究在某一总体中不同时间点同一测量在尺度特征和类型学上的历史变迁。潜类别分析还可以被用于获取对大量社会过程的新的见地，例如代际职业流动和跨宗教婚姻（Clogg，1981b；Marsden，1985）。最后，变量间的对称关系可能是偶发的，这一认识强调了曼丹斯基的担忧："有可能出现的情况是……潜类别并没有合理的诠释，更不用说诠释的希望了。"（Mandansky，1968:34）

第 1 节 | 局部独立

由表 2.1 可见，鉴于检验数据独立性的拟合优度统计量 χ^2 在 0.01 的水平上显著，变量 A 和变量 B 互不独立。为方便起见，我们将假设在表 2.1 中呈现的关系代表斯罗（Srole，1956）的问题——"不管别人怎么说，大多数普通人过得更差而不是更好了"以及"当今社会一个人真不知道还可以指望谁了"作为失范的指标。因此在表 2.1 中的对称关系假设意味着我们不相信人们对"大多数普通人"的感觉（变量 A）导致了他们对"指望谁"的感觉（变量 B），或反之。相反，我们更可能相信观察到的两个问题答案之间的关系应归因于一个共同的因素，也就是我们所说的"失范"（变量 C），即：我们假设经历失范的人倾向于肯定地回答这两个问题，而没有经历失范的人倾向于否定地回答这两个问题；失范"解释"了对"大多数普通人"的感觉和对"指望谁"的感觉之间的关系，即变量 C 解释了变量 A 与变量 B 之间的关系。

如果假设我们拥有一个对失范的测量——变量 C，那么我们也许能找到一个类似于表 2.2 中所展示的分布。在变量 C 的每一个层次上，变量 A 和变量 B 都独立于对方（自由度为 2 的情况下，$\chi^2 = 0.0$），期望比例的计算如下：

$$\hat{P}_{ijk} = \hat{P}_{ik}^{\bar{A}C} \times \hat{P}_{jk}^{\bar{B}C} \times \hat{P}_k^C \tag{2.3}$$

其中，$\hat{P}_{ik}^{\bar{A}C}$ 是给定变量 C 为层次 k，变量 A 为层次 i 时的条件概率估计，$\hat{P}_{jk}^{\bar{B}C}$ 是给定 C 的层次下的 B 的条件概率估计，$\hat{P}_{k}^{C}$ 是变量 C 为层次 k 的概率估计。

　　尽管这个表示法可能一开始显得很复杂，但实际上它的逻辑相当直接。那些 P 上面的"帽子"代表这些概率是样本估计，这种表示在统计表达中很常见。而那些上头的"横杠"（如，$\bar{A}C$，$\bar{B}C$）却并不那么常见。横杠用来代表这些概率是条件概率，即标横杠的变量的估计概率是在没有标横杠的变量的层次下计算得来的。所以，$\hat{P}_{11}^{\bar{A}C}$ 的估计概率是对于变量 C（未标横杠的变量）为层次 1，变量 A（标横杠的变量）受访者选择 1 的概率。例如，通过表 2.2 我们估计失范的受访者感觉大多数普通人过得更坏的概率（$\hat{P}_{11}^{\bar{A}C}$）为 $0.667(=100/150)$，而他们回答不知道指望谁的概率（$\hat{P}_{11}^{\bar{B}C}$）为 $0.800(=120/150)$；估计非失范的受访者感觉大多数普通人过得更坏的概率（$\hat{P}_{12}^{\bar{A}C}$）为 $0.333(=50/150)$，而他们回答不知道指望谁的概率（$\hat{P}_{12}^{\bar{B}C}$）为 $0.300(=45/150)$。因此，任一给定失范受访者对两个问题都给出肯定回答的概率等价于他们肯定地回答变量 A（$\hat{P}_{11}^{\bar{A}C}$）的估计（条件）概率与肯定地回答变量 B（$\hat{P}_{11}^{\bar{B}C}$）的估计（条件）概率的乘积。任一给定受访者感觉到大多数普通人过得更坏，回答不知道指望谁，以及认为遭受失范的联合概率为 $0.2668(\hat{P}_{11}^{\bar{A}C} \times \hat{P}_{11}^{\bar{B}C} \times \hat{P}_{1}^{C} = 0.667 \times 0.800 \times 0.500)$。为了计算期望频率，我们将 $\hat{P}_{ijk}$ 乘以个案总数：

$$\hat{F}_{ijk} = N \times \hat{P}_{ijk} = N \times \hat{P}_{ik}^{\bar{A}C} \times \hat{P}_{jk}^{\bar{B}C} \times \hat{P}_{k}^{C} \qquad (2.4)$$

其中，$\hat{F}_{ijk}$ 为表中 (i, j, k) 所对应单元格的观察预期估计值，N 为个案总数。

表 2.2 假设的三项交叉表

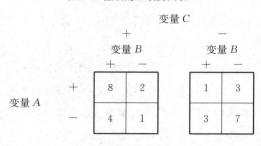

对于表 2.2 所提供的数据，在条件变量 C 的水平上，假设变量 A 与变量 B 是彼此独立的，那么，每个单元格所对应的观察值应该正好等于通过使用方程 2.4（例如，$f_{ijk} = \hat{F}_{ijk}$），计算出的预期频率。拉扎斯菲尔德和亨利（Lazarsfeld & Herry，1968）称这种条件为"局部独立"，也就是，当在其他一些变量的类别内，被观测到的一组变量之间的关系为 0 时，相对于解释变量来说，这组变量被认为是局部独立的。因此，根据表 2.2 中报告的数据，我们设定相对于局部变量 C，变量 A 和变量 B 是相互独立的。

那么，局部独立的条件给我们提供了一种判断一组观察到的测量之间的关系是否是由一些未测量的解释变量引起的方法。当一些额外变量类别内的一组相互关联的变量相互间局部独立的时候，我们就可以说额外变量"解释"了所观察到的关系，那这个额外的变量就是我们真正关注的变量，而一旦它被认为是这样了，那所有其他的测量都变得无关了。

第 2 节 │ **正式潜类别模型**

表 2.2 的数据表明,我们认为通过测量某个变量(C)就可以解释变量 A 和变量 B 之间的对称关系,然而不幸的是,通常这个变量并没有被测量到。潜类别分析的目的是确定一个潜在的变量。具体来说,这个潜在变量是由一系列类别构成的,并且其中的显变量相互间局部独立。如果这样的变量可以被定义,那么它的类别则可被用来代表变量的潜类型或分类度量位置(categorical scale location),这是因为它们是在抽样总体中被测量变量所定义的。

在对潜类别的特性以及如何从观察数据中对其做出估计进行讨论之前,我们首先回顾表 2.2 中的数据。值得注意的是,在之前的分析讨论中,在变量 C 的分类下,变量 A 与变量 B 是完全相互独立的。这种关系通过方程 2.3 中每个 i, j, k 组合的比例来体现出来,即:这个比例是变量 A 的条件概率 $P_{ik}^{\bar{A}C}$、变量 B 的条件概率 $P_{jk}^{\bar{B}C}$ 以及落在特定类别下变量 C 的概率 P_{ik}^{C} 的乘积。当指定了解释范畴(explanatory category)的变量不能被测定时(例如,变量 C 为潜类别),概率被标识为 π,潜类别被指定为包含 T 类(levels)的潜变量 X。因此,方程 2.3 的平行方程表达式可写为:

$$\pi_{ijt}^{ABX} = \pi_{it}^{\bar{A}X} \times \pi_{jt}^{\bar{B}X} \times \pi_{t}^{X} \tag{2.5}$$

其中，π_{ijt}^{ABX} 是一个随机选择的案例位于 i，j，t 单元格内的概率，$\pi_{it}^{\bar{A}X}$ 是一个条件概率，表达为给定案例来自潜变量 t 类，该案例位于变量 A 的级别 i 的概率，$\pi_{jt}^{\bar{B}X}$ 为在变量 B 的级别 j 下的条件概率，π_t^X 是一个随机选择的案例位于潜变量 X 的级别 t 的概率。从而，方程 2.5 的一般表示可写为：

$$\pi_{ij\cdots mt}^{AB\cdots EX} = \pi_{it}^{\bar{A}X} \times \pi_{jt}^{\bar{B}X} \times \cdots \times \pi_{mt}^{EX} \times \pi_t^X \tag{2.6}$$

上面方程表明观测到的测量之间的对称关系在潜类别内是局部独立的，也就是说，在 i，j，$\cdots$，m，t 交联表的每个单元格所对应的事件的概率将等于条件概率（$\pi_{it}^{\bar{A}X}$，$\pi_{jt}^{\bar{B}C}$，等）与位于潜变量 X 任何特定类别的概率（π_t^X）的乘积。

　　潜类别概率和条件概率是潜类别分析的两个基本量。下面，我们所研究的方法是由古德曼（Goodman，1974a，1974b）首先提出的，这个方法用于获得条件概率与潜类别概率的最大似然估计。在大多数的讨论中，我们将考虑三个观测变量被用来估计潜变量的实例。这样所存在的情况为：

$$\pi_{ijkt}^{ABCX} = \pi_{it}^{\bar{A}X} \times \pi_{jt}^{\bar{B}X} \times \pi_{kt}^{\bar{C}X} \times \pi_t^X \tag{2.7}$$

显然，所有的讨论都可以推广到超过三个观测变量被用于分析的情况下。然而在测试估计程序之前，我们会对两个重要参数的含义进行简要讨论。

潜类别概率

　　潜类别概率（π_t^X）用于描述当可观测测量彼此独立（局部）时潜变量类别的分布。因此潜类别概率有两个重要的方面：类别的数量与类别的相对大小。潜变量（X）类别的数量

(T)是由观察到的交联表的潜类别模型所定义的潜类型数量所决定的;在尺度分析中,每一个类别在尺度范围内均可识别。因此,若当潜变量有三个类别时,其总体可以被描述为三种"类型"或潜在连续的三个级别,且在一个潜变量中可识别的类的最小数为 2,因为一个只有单一潜类别的潜变量相当于寻找观测变量间的独立性。

　　T 个类别中每一个类别的相对大小同样也为潜类别概率的诠释提供了重要的信息。由潜类别概率的相对大小可以知道总体在 T 个类别中是否均匀地分布,或者是否某些潜类别代表着总体中相对较大的部分而另一些类别代表着相对较小的部分。潜变量(X)的 T 个潜类别概率(π_t^X)之和必须等于 1:

$$\sum_t \pi_t^X = 1.00 \qquad (2.8)$$

另外,潜类别概率的相对大小对于比较两个或多个总体的潜在结构也非常有用。当潜类别的相对大小在两个(或多个)具有相似潜在结构的总体中有所不同时,这些差异代表了总体之间一系列类型(或者尺度的大小)分布的异质性。当"不同的总体"代表对同一总体在两个或多个时点的观测时,这些差异代表了总体随时间(例如,历史趋势)在不同类别上的分布变化。

条件概率

　　第二种重要的潜类别参数是条件概率,它相当于因子分析中的因子载荷。这些参数表示在潜变量(X)的 t 类别中的某个个体位于观测变量的某一特定水平的概率。继续表 2.2 中的例子,条件概率 $\hat{P}_{11}^{\bar{B}C}$ 表示一个失范的个体感觉到大多数普通人过得更差的概率(即在变量 C 上为层次 1 的人),而 $\hat{P}_{12}^{\bar{B}C}$ 表示一个非失范的个体感觉到大多数普通人过得更差的概率。类似地,条件变量 $\hat{P}_{11}^{\bar{A}C}$ 和 $\hat{P}_{12}^{\bar{A}C}$ 分别为失范和非失范的受访者回答不知道指望谁的概率。因此,当类别变量没有被观测到时(例如,当失范变量 C 是一个潜变量 X),潜类别分析可以帮助研究者识别出条件概率 ($\pi_{it}^{\bar{A}X}$,$\pi_{jt}^{\bar{B}X}$,$\cdots$,$\pi_{mt}^{\bar{E}X}$)。

对于潜变量的 T 个类别中的任一类别来说,每一个观测变量都存在一系列的条件概率。例如,如果用三个观测变量定义潜类别,那么每一类别将有三组条件概率 ($\pi_{it}^{\bar{A}X}$,$\pi_{jt}^{\bar{B}X}$,$\pi_{kt}^{\bar{C}X}$)。由于每一个观测变量可以为二分类变量或多分类变量,每一个观测变量的不同条件概率的数量就等于这一变量中被测量层级的数量。也就是说,如果某一个观测变量有两个层级(例如,感觉到大多数普通人过得更差,没有感觉到大多数普通人过得更差),那么将会有两个相关的概率 $\pi_{1t}^{\bar{A}X}$,即类别 t 的人感觉到大多数普通人过得更差的条件概率,以及 $\pi_{2t}^{\bar{A}X}$,即类别 t 的人没有感觉到大多数普通人过得更差的条件概率。同样,如果有三个观测变量,那么对于潜变量 X 的 T 个类别中的每一个类别都将会有 $I+J+K$ 个不同的条件概率。我们应当注意,对于 T 个潜类别的每一个类别,每一个观测变量的条件概率之和都等于 1:

$$\sum_i \pi_{it}^{\bar{A}X} = \sum_j \pi_{jt}^{\bar{B}X} = \sum_k \pi_{kt}^{\bar{C}X} = 1.00 \tag{2.9}$$

因此,在每一个潜类别中,观察对象都有一个具体的位于观测变量某一层级的概率。由于每一个观测变量在每一个潜类别中的条件概率之和都必须等于 1, 所以对于每一个潜类别中每一个观测变量都会有一个冗余的条件概率。例如, 在对三个观测变量的分析中, 我们只需要 $(I-1)+$ $(J-1)+(K-1)$ 个条件概率来识别 T 个潜类别中的每一类。

条件概率使得我们可以描述被每一个潜类别所定义的类型的本质, 继而知道潜变量的本质。在每一个潜类别中, 条件概率表示类别 t 的观察对象是否更可能或更不可能具有观测变量的某些特征。因此, 如果我们是为了调查失范并且估计出在某一个类别中 90% 的成员都报告感觉到大多数普通人过得更差, 80% 的成员报告不知道指望谁, 而在另一个类别中我们估计的这两个比例分别为 30% 和 25%, 我们也许倾向于将第一个潜类别划分为失范而将第二个潜类别划分为非失范。在这一用途上, 条件概率与因子分析中的因子得分类似。

第 3 节 | **最大似然估计**

在这一部分,我们将检验获得条件概率和潜类别概率的最大似然估计值(MLEs)的步骤,该方法最早由古德曼(Goodman,1974a,1974b,1979)提出。不同于先前提出的估计这些潜类别数量的行列式方法(参见,如 Anderson,1954;Lazarsfeld & Henry,1968),古德曼的最大似然步骤在允许范围(例如,0.0—1.0)之外不会提供具有误导性的估计值。尽管麦克休(McHugh,1956)已经推荐了一种潜类别分析的有效方法,但古德曼的步骤更加简单且更加具有一般性,这一点我们会在讨论限定性潜类别模型时看到。因此,古德曼的估计方法成为超越先前估计潜类别参数的途径的至关重要的突破,且其估计步骤已经被计算机程序 MLLSA(Maximum Likelihood Latent Structure Analysis)所运用(Clogg,1977)。相关程序请见附录 A。

虽然潜类别模型从某种意义上说要比双变量独立模型更复杂,但它们在真实地反映最初观察到的关系的必要性方面是一样的。只有当偏离观测数据的模型期望值在随机变异(chance variation)的范围以内(例如,χ^2 统计量相对于自由度较小时)时才可能接受潜类别模型,继而接受被定义的潜变量。为了得到指定潜类别模型的最大似然估计,我们先

修改方程 2.7,加上抑扬符号来表示这些潜类别参数为最大似然估计值:

$$\hat{\pi}_{ijkt}^{ABCX} = \hat{\pi}_{it}^{\bar{A}X} \times \hat{\pi}_{jt}^{\bar{B}X} \times \hat{\pi}_{kt}^{\bar{C}X} \times \hat{\pi}_{t}^{X} \qquad (2.10)$$

可见,方程 2.10 与方程 2.7 非常接近,唯一的区别在于现在我们知道如果位于 i, j, k, t 单元格的某一观察对象的概率等于 MLE 条件概率和 MLE 潜类别概率的乘积,则为最大似然估计值。如果将方程 2.10 中潜变量的所有 T 个类别相加,我们会得到对应于观测变量的($I \times J \times K$)各层级的 MLE 联合概率。

$$\hat{\pi}_{ijk} = \sum_{t} \hat{\pi}_{ijkt}^{ABCX} \qquad (2.11)$$

这个方程为我们提供了潜类别模型的预期概率,这与方程 2.1 所提供的双变量独立模型的预期概率非常类似。因此方程 2.11 是一个非常重要的方程,我们可以通过它提供的预期值检验潜类别模型的拟合优度。与一般的卡方检验类似,如果预期值落在观测值的随机变异范围以内,我们就可以认为方程 2.10 中的条件和潜类别概率真实地反映了观测数据。如果 χ^2 统计量相对于自由度来说太大,那么预期值就超出了随机变异的范围,我们就必须拒绝在方程 2.10 中所指定的潜类别模型。

如果用方程 2.10 除以方程 2.11,我们会获得观测变量位于层级 i, j, k 的某一观察对象将会出现在潜变量的层级 t 上的 MLE 概率。

$$\hat{\pi}_{ijkt}^{ABC\bar{X}} = \hat{\pi}_{ijkt}^{ABCX} / \hat{\pi}_{ijk} \qquad (2.12)$$

这个方程提供给我们在三个变量的交互表中位于 ijk 单元格

的观察对象将会出现在潜类别的层级 t 上的概率,这个概率可以被用来将观察对象分配到潜变量的 T 个类别。

古德曼(Goodman,1974a,1979)提出,当我们有一系列个体的观测比例 p_{ijk},且这些个体来自观测变量(A,B,C)的交互表的(i,j,k)各层级时,标准的方法可被用来证明方程 2.9 至方程 2.11 的最大似然估计是否满足以下一系列方程(参见 Haberman,1974,1979):

$$\hat{\pi}_t^X = \sum_{ijk} p_{ijk} \hat{\pi}_{ijkt}^{ABC\bar{X}} \tag{2.13}$$

$$\hat{\pi}_{it}^{\bar{A}X} = \frac{\sum_{jk} p_{ijk} \hat{\pi}_{ijkt}^{ABC\bar{X}}}{\hat{\pi}_t^X} \tag{2.14}$$

$$\hat{\pi}_{jt}^{\bar{B}X} = \frac{\sum_{ik} p_{ijk} \hat{\pi}_{ijkt}^{ABC\bar{X}}}{\hat{\pi}_t^X} \tag{2.15}$$

$$\hat{\pi}_{kt}^{\bar{C}X} = \frac{\sum_{ij} p_{ijk} \hat{\pi}_{ijkt}^{ABC\bar{X}}}{\hat{\pi}_t^X} \tag{2.16}$$

在接下来的部分,我们将检验以上方程是如何通过迭代过程产生潜类别模型的条件和潜类别概率的最大似然估计的。尽管相比于之前的讨论,这部分内容更有技术性,然而最后的这一部分对于那些希望自己编写电脑程序来找到潜类别模型的最大似然估计的人来说将会很有用处。

参数的迭代比例尺度

分析者为方程 2.10 中模型的条件和潜类别概率提供初值估计(initial estiamte)。这些初值估计继而可以被用来寻找方程 2.9 和方程 2.13 至方程 2.15 中的条件和潜类别概率。
该迭代过程，也就是所谓的 EM 算法（Dempster et al.，
1977），会产生最大似然估计值（Goodman，1974a，1979）。
用 $\bar{\pi}_t^X$，$\bar{\pi}_{it}^{\bar{A}X}$，$\bar{\pi}_{jt}^{\bar{B}X}$，和 $\bar{\pi}_{kt}^{\bar{C}X}$ 表示相应模型参数的初始值，那么
$\hat{\pi}_{ijkt}^{ABCX}$ 的初始值 $\bar{\pi}_{ijkt}^{ABCX}$ 为：

$$\bar{\pi}_{ijkt}^{ABCX} = \bar{\pi}_t^X \bar{\pi}_{it}^{\bar{A}X} \bar{\pi}_{jt}^{\bar{B}X} \bar{\pi}_{kt}^{\bar{C}X} \qquad (2.17)$$

由该值可以得到 $\hat{\pi}_{ijk}$ 和 $\hat{\pi}_{ijkt}^{ABCX}$ 的初始值 $\bar{\pi}_{ijk}$ 和 $\bar{\pi}_{ijkt}^{ABC\bar{X}}$：

$$\bar{\pi}_{ijk} = \sum_{t=1}^T \bar{\pi}_{ijkt}^{ABCX} \qquad (2.18)$$

$$\bar{\pi}_{ijkt}^{ABC\bar{X}} = \frac{\bar{\pi}_{ijkt}^{ABCX}}{\bar{\pi}_{ijk}} \qquad (2.19)$$

通过观察到的 p_{ijk}，我们可以获得 $\hat{\pi}_t^X$ 的一个新的试验值
（trial value）$\bar{\pi}_t^X$：

$$\bar{\pi}_t^X = \sum_{ijk} p_{ijk} \bar{\pi}_{ijkt}^{ABC\bar{X}} \qquad (2.20)$$

该值可用以计算新的试验值 $\bar{\pi}_{it}^{\bar{A}X}$，$\bar{\pi}_{jt}^{\bar{B}X}$ 和 $\bar{\pi}_{kt}^{\bar{C}X}$：

$$\bar{\pi}_{it}^{\bar{A}X} = \frac{\sum_{jk} p_{ijk} \bar{\pi}_{ijkt}^{ABC\bar{X}}}{\bar{\pi}_t^X} \qquad (2.21)$$

$$\bar{\pi}_{jt}^{\bar{B}X} = \frac{\sum_{ik} p_{ijk} \bar{\pi}_{ijkt}^{ABC\bar{X}}}{\bar{\pi}_t^X} \qquad (2.22)$$

$$\bar{\pi}_{kt}^{\bar{C}X} = \frac{\sum_{ij} p_{ijk} \bar{\pi}_{ijkt}^{ABC\bar{X}}}{\bar{\pi}_t^X} \qquad (2.23)$$

　　这个迭代过程始于方程 2.17 中潜类别概率和条件概率
（$\bar{\pi}_t^X$，$\bar{\pi}_{it}^{\bar{A}X}$，$\bar{\pi}_{jt}^{\bar{B}X}$，$\bar{\pi}_{kt}^{\bar{C}X}$）的初始试验值。接着，我们可以通过方

程 2.17 等号左边的估计获得方程 2.18 和方程 2.19 中新的估计值。由这些估计值,我们进而得可以到方程 2.20 至方程 2.23 中潜类别和条件概率的新估计值。之后,将方程2.20 至方程 2.23 得到的潜类别和条件概率的新估计值返回到方程 2.17,便能获得每一个概率的新的估计值。

停止对概率的估计和再估计的迭代过程的方法有二。第一,分析者可以决定期望完成的迭代次数。这一方法的缺点在于从一个迭代到另一个迭代的估计仍然可能发生巨大的变化。第二,每一次迭代后,由方程 2.20 至方程 2.23 获得的潜类别和条件概率的估计值可与由方程 2.17 得到的估计值相比较。如果每一个估计值之间的差别小于之前设定的量(容差),那么迭代过程结束,而方程 2.17 则可以被用来检验获得的估计与原始观察数据的拟合程度。

有关条件和潜类别概率的估计,这里有三点需要注意。第一,对似然方程也许有不止一个解决方法,也就是说,任一指定数量的 T 个潜类别可能存在多于一组的条件和潜类别概率。换句话说,最大似然估计可能代表了局部最大化,而非全局最大化。因此分析者需要在方程 2.17 中尝试多于一组的初始值。在实践中,这并不是一个问题,因为不论初始值取何值,通常都可以得出同样的最终估计。

第二,可估计的参数数量要受限于在观测变量的交互表中可提供的自由度 $[(I \times J \times K) - 1]$。因此,方程 2.17 所指定的模型,又称所有参数都被识别的非受限模型,该模型的估计参数的数量为:

$$(T-1) + T(I-1) + T(J-1) + T(K-1)$$
$$= (I+J+K-2)T - 1 \tag{2.24}$$

也就是说，对于 T 个潜类别中的每一个类别，我们都估计 $T-1$ 个潜类别概率和 $(I-1)+(J-1)+(K-1)$ 个条件概率（回顾方程 2.8 和方程 2.9 的条件：所有潜类别和条件概率之和等于 1）。卡方检验的自由度的计算方法如下：

$$DF = (IJK-1) - [(I+J+K-2)T-1] \quad (2.25)$$

因此，只有当自由度为正数时方程 2.17 中的模型才能够被估计和检验。

第三，参数值或估计值的多重性也许与某一给定的解决方法有关（例如识别问题）。不幸的是，对于有的模型来说，虽然方程 2.25 的结果为正，但模型参数并不唯一。一个简单的例子是，当有四个二分观测变量和一个三类潜变量（$T=3$），尽管方程 2.25 的结果为正（$df=1$），但是该模型却无法识别（Goodman，1974a）。

古德曼（Goodman，1974a）还提出了一个决定潜类模型局部可识别性的充分必要条件。该条件涉及求 $(IJK-1)\times[(I+J+K-2)T-1]$ 的偏导数矩阵的秩次，该矩阵中的元素是由非冗余模型参数的非冗余观察概率构成的（图 2.1）。

$$
\begin{array}{c}
\pi_{111} \\
\vdots \\
\pi_{IJK-1}
\end{array}
\left(
\begin{array}{ccccc}
\pi_1^X & \cdots & \pi_{T-1}^X, & \pi_{11}^{\bar{A}X} & \cdots & \pi_{(K-1),\,T}^{\bar{C}X} \\
\dfrac{\partial \pi_{111}}{\partial \pi_1^X} & \cdots & & & \cdots & \dfrac{\partial \pi_{111}}{\partial \pi_{(K-1),\,T}^{\bar{C}X}} \\
\vdots & \vdots & \ddots & \ddots & \vdots & \vdots \\
\dfrac{\partial \pi_{IJK-1}}{\partial \pi_1^X} & \cdots & & & \cdots & \dfrac{\partial \pi_{IJK-1}}{\partial \pi_{(K-1),\,T}^{\bar{C}X}}
\end{array}
\right)
$$

图 2.1　评估模型辨识性的偏导数矩阵

在这个矩阵中，每一个单元格元素都是对应列元素的每一个行元素的偏导数，例如，

$$\frac{\partial \pi_{ijk}}{\partial \pi_t^X} = \pi_{it}^{\bar{A}X} \pi_{jt}^{\bar{B}X} \pi_{kt}^{\bar{C}X} - \pi_{iT}^{\bar{A}X} \pi_{jT}^{\bar{B}X} \pi_{kT}^{\bar{C}X} \qquad (2.26)$$

为了令其局部可识别,图 2.1 中的矩阵必须是列满秩,即该矩阵的秩等于 $(I+J+K-2)T-1$。换句话说,矩阵中不存在线性相关的列。有关矩阵秩的计算及参数估计可通过 MLLSA 程序进行。

无法被识别的模型可以通过对一个或多个模型参数施加限制从而令其可识别。当施加限制条件后,方程 2.25 的右边部分不再反映将被估计的非冗余模型参数的数量。因此,进行模型限制意味着我们必须不断减少方程 2.25 的右边部分中非冗余限制条件的数量。接下来,我们将会更透彻地探索带有限制条件的模型。在此之前,我们先来检验无限制条件的潜类别模型。

第**3**章

估计潜分组变量

　　正如我们在前面两章中所注意到的,潜类别分析最一般化的形式允许我们将一个来自两个或以上有序或名义观测变量的交互表的名义潜变量特征化。识别这样一些潜变量将有可能极大地改进研究,因为它使得研究者将注意力集中到分析中所识别出的 T 个类别(或类型),而不是考虑每一个观测变量或者观察到的测量的所有可能的组合。因此,就像因子分析一样,潜类别分析是数据缩减,及增加基于几个不同变量的数据的可解释性的一种有用方法。潜类别分析也使得研究者可以通过检验每一个潜类别中的每一个观测变量的条件概率来描述潜在类型学的结构特征,例如,通过注意潜变量中某一个类别的人在"不知道指望谁"和"感觉到大多数普通人过得更差"的倾向性,以及其他类别的人截然相反的倾向,研究者就可以诠释潜在类型的本质。

　　同因子分析一样,区分探索性和验证性的潜类别分析也是很有用的。在探索性的潜类别分析中研究者试图从一组观察到的测量中识别出一组潜在类别,但并不试图检验关于条件或潜类别概率特征的假设。在探索性潜类别分析中潜类别模型被认为是非限制性的,因为研究者并不对任一种模型的参数施加先验性的限制条件。然而在验证性的潜类别分析中,我们可以考察假设的潜变量特征与经验性地识别出的潜变量特征之间的对应关系。在验证性潜类别分析中,潜类别模型是限制性的,即研究者根据假设检验的细节,对条件概率和潜类别概率中的任一个或两个同时施加先验性的大小限制。在接下来的部分中,我们将讨论这两种类型的潜类别模型,以及建模过程和假设检验中几种类型限制的运用和解释。附录 B 提供了在这章中的几个例子的 MLLSA 程序命令。

第 1 节 | **探索性的潜类别分析**

　　当研究者认为他们所拥有的好几个测量都是一个共同综合体的一部分时,潜类别分析就被作为探索性的方法使用。尽管探索性方法通常在对每一个潜类型的具体性质缺乏明确理论的时候才被用到,它却可以向我们提供充分的现有理论信息——例如,在早先的分析中,我对美国人对特立独行行为的忍耐程度可以被很好地描述成一维的连续体而非一系列离散类别的看法提出质疑(McCutcheon,1985)。正如杨(Young,1983)关于检验精神病诊断标准的内部结构效度的提议,探索性潜类别分析也可以作为"逐步的"建模过程中的第一步。除了政治容忍度和精神病诊断标准,一般化的潜类别模型已经被用来探索各种各样的主题,包括种族偏见(Tuch,1981)、堕胎的政治态度(Mooijaart,1982;Taylor,1983;McCutcheon,1986)、医学诊断标准(Rindskopf & Rindskopf,1986),以及消费者的购买模式和住房援助项目成员的居住满意度(Dillon & Goldstein,1984),等等。

　　为了更好地说明探索性模型的应用,让我们来考虑一个有关调查中受访者的潜在类型划分的问题。1982 年综合社会调查(GSS)[2]中的四个分类测量被选作分析之用:其中两个是受访者对调查的评估,另外两个是访问员对受访者的评估。在这章中我们将仅考虑白人受访者。在最后一章中,我们则会比较黑人和白人受访者。接下来,我们在整个分析中将用到的四个问题是:

目标性:一般情况下,你觉得调查往往都具有一个很好的目标,还是它们只是浪费时间金钱?(确有好的目标/看情况而定/浪费时间金钱)

准确性:你对这些调查的结果信任程度如何?你认为它们总是可信、大多数时候可信、有时候可信,还是几乎不可信?(总是或大多数时候/有时候或几乎不)

合作性:一般情况下,受访者对访问持什么态度?(友好而感兴趣的/合作但不特别感兴趣的/不耐烦而焦躁的/怀有敌意的)

理解力:受访者对题目的理解是好、一般,还是不好?(好/一般/不好)

这四个变量组成了一个 36($3 \times 2 \times 3 \times 2$) 格的交互表。出于符号表示上的便利,我们指定四个变量为 P、A、C 和 U,分别用 i、j、k、l 来表示,并且回答的消极程度呈升序排列,即:1 为最积极的回答类别(上面提到的最先列出的回答),随着数字变大,回答类别越来越消极。受访者在这四个变量中的任一个变量上有缺失值都会被排除在分析之外。表 3.1 报告了结果交互表。

表 3.1　白人受访者的观测变量的交互表：1982 年 GSS

			合作性		
			感兴趣的	合作的	不耐烦，有敌意
目标性	准确性	理解力			
好	大多数可信	好	419	35	2
		还行，不好	71	25	5
	不可信	好	270	25	4
		还行，不好	42	16	5
看情况	大多数可信	好	23	4	1
		还行，不好	6	2	0
	不可信	好	43	9	2
		还行，不好	9	3	2
浪费时间	大多数可信	好	26	3	0
		还行，不好	1	2	0
	不可信	好	85	23	6
		还行，不好	13	12	8

潜类别概率

　　潜类别分析者首先必须考虑的是要识别的潜类别的数量(T)。尽管探索性潜类别分析并不要求我们有一组明确的假设以供检验，如果我们对于研究方向有一些基本的概念，我们的分析将会进展得更顺利。比方说，虽然我们可能对将要识别的每一种类型的受访者并没有明确的假设，但之前的经验告诉我们可能存在这样一些"理想的"受访者，他们相信我们的研究（几乎同我们自己一样），他们理解我们提出的问题，并且对于受访者的角色真的感兴趣。在另一方面，也可能会存在这样一些几乎与未参与者一样的受访者，他们认为调查既无价值也不可信，他们不理解题目，并且只期盼着访问早点结束。基于存在两种潜在类型的受访者的假设,非限制性的潜类别模型的自由度是 $(IJKL) - (I + J + K + L - 3)$ $T = 36 - (3 + 2 + 3 + 2 - 3)2 = 22$。如表 3.2 中数据所示,探索性潜类别分析所允许的潜变量的可识别类别数目高达五类(即 $T = 5$)。

这两类受访者也许可以穷尽由四个测量描述的受访者类型的最初期望估计。接下来,我们需要对两类受访者的相对大小做一个初步的估计,即:"理想的"受访者的比例(π_1^X)是多少,持"怀疑论的"受访者的比例(π_2^X)又是多少? 我们可以先假设两个类别大小一样(如,$\pi_1^X = \pi_2^X = 0.5$)。由于计算中可能需要更多次的迭代才能得到最大似然估计,因此这个决定会导致计算成本的增加。一个更好的方法是注意到在表 3.1 中给予积极响应的比例的最小值为来自准确性变量的 0.520(1 202 人中的 625 人回答大致可信),最大值为来自合作性变量的 0.839(1 202 人中的 1 008 人回答感兴趣)。因此,我们可以初步估计理想型受访者的比例接近 0.65。又因为潜类别概率之和恒等于 1(方程 2.8),于是我们估计怀疑论者的比例为 0.35。基于此,我们再来检验这个模型对数据的拟合。

在表 3.2 中我们报告了对几个潜类别模型和观察数据之间拟合的接受决策。虽然我们报告了检验的皮尔森卡方(χ^2),然而相较于该统计量,似然比卡方 $[L^2 = 2\sum_{ijkl} \hat{F}_{ijkl} \ln(\hat{F}_{ijkl} / F_{ijkl})]$ 更被青睐,其原因在于 L^2 可以被拆分。这意味着一旦我们决定了潜变量(X)的类别数量(T),关于条件概率和潜类别概率的假设就可以被有效地检验。这一检验假设的能力对我们将要考察的验证性方法特别重要。

与统计建模的标准一致,该决策标准被设定在 $p > 0.05$ 的
alpha 水平上。

表 3.2　白人受访者类型的探索性潜类别模型

模　　型	L^2	χ^2	自由度	0.05 alpha 水平上的决策
完全独立	257.26	368.67	35	拒绝
二分类模型	79.34	93.26	22	拒绝
三分类模型	21.93	23.59	16	接受

表 3.2 报告的第一个模型是完全独立模型,等价于检验
一个仅有单一类别($T=1$)的潜类别模型中所有的观测变量
是否都(局部)独立。如果这个模型在 0.05 alpha 水平上被接
受,我们就认为观测变量之间没有内在联系。由于显变量之
间没有需要被解释的关系,因此我们也不需要潜变量。然而
从表 3.2 中可以看出,我们必须拒绝数据符合完全独立模型
这一假设($L^2 = 257.26$, $\chi^2 = 368.67$, $35df$)。接下来,我们
要检验的假设为是否确实存在之前讨论的两种类型(理想型
和持怀疑论的)的受访者。可见,虽然双类别模型似乎比单
类别模型(或完全独立模型)拟合得更好($L^2 = 79.34$, $\chi^2 =
93.26$, $22df$),但是我们同样必须在 0.05 的 alpha 水平上拒
绝它。相较而言,最后只有三类别模型提供了一个对观察数
据的可接受拟合($L^2 = 21.93$, $\chi^2 = 23.59$, $16df$)。

对于表 3.2 中的自由度有一点需要重视,即探索性模型
假设每增加一个类别,就需要多估计一个潜类别概率参数和
六个条件概率参数[$(3-1)+(2-1)+(3-1)+(2-1)$]。
然而如表 3.2 所示,从双类别到三类别模型我们只损失了 6
个自由度,而非 7 个。之所以出现这种情况,是因为其中的

一个条件概率等于 0。在这种情况下,通常的做法是在模型检验时纠正这一个自由度(Clogg,1981)。有关这个参数的内容在下面将会被更多地讨论。

表 3.2 中的数据表明,在接受三类别模型后,我们大可停止探索性分析。显然最初我们有关所有受访者可以被分类为理想型或怀疑型的直觉是错误的。潜类别概率在总体中对应于三个类别中的每一个类别的比例,而且它们的总和必须等于 1(方程 2.8),这意味着类别除了要互斥,还要穷尽。我们可以看到,潜类别概率告诉我们两个重要的信息:一是有多少个类别,二是每一个类别在总体中占多大的比例。(由于条件概率可以帮助我们解释每一个类别所描述的类型,因此它们通常在我们考虑每一个类别的相对比例之前就被考虑到。)接下来,我们将会看到在三个类别受访者的例子中,大约 3/5(0.6222)属于Ⅰ类,而Ⅱ类和Ⅲ类分别只占约 1/5(分别是 0.2060 和 0.1718)。这些对潜类别概率的估计与起始值 0.56、0.22 和 0.22 相当接近(附录 B 报告了这个问题的程序命令)。

潜条件概率

条件概率是对观测变量和潜类别之间的相关程度的一个测量。类似于因子载荷(即每一个观测变量和每一个因子之间的相关关系),条件概率说明某一个观察对象(个体)在某一个潜类别中的比例将会以一种特殊的方式在观察到的测量上得分。因此,从探索性潜类别分析中得到的条件概率使得分析者可以解释潜变量类别的本质。有关受访者类型分析的条件概率和潜类别概率,请见表3.3。

在分析中被识别的三类受访者各有什么特征呢?第一类(Ⅰ)为最接近我们预计的理想型受访者,这个类别中接近9/10(0.888)的人相信调查"通常具有很好的目标",3/5(0.613)的人表达了对调查的信任,认为"几乎总是可信"或"大多数时候可信",19/20(0.943)的人被访问员评估为在访问中表现得"友好而感兴趣",几乎所有(0.998)的人被访问员评估为对访问问题具有良好的理解。第三类受访者(Ⅲ)最接近怀疑论者,接近2/3(0.634)的人认为调查"浪费时间和金钱",29/30(0.970)的人认为调查"有时候可信"或"几乎不可信"。虽然3/4(0.753)的人被评估为具有"很好的"理解力,接近2/3(0.641)的人被评估为友好而感兴趣,仍旧有1/10(0.103)的人被评估为在访问中不耐烦而焦躁或是怀有敌意。我们把第二种类别的受访者(Ⅱ)刻画为"信奉者",因为他们对调查的目标性和准确性表现出了类似于理想型受访者的信念,其中,7/10(0.688)的受访者在访问中表现得友好而感兴趣,但是仍有7/10(0.686)的人对调查问题的理解力一般或较差。

在对这个三分类模型的估计中出现了一个特例。如表3.3所示,访问员评估理想型受访者为不耐烦而焦躁或是怀有敌意的条件概率为0。这个特殊的例子就是我们之前在讨论表3.2报告的模型自由度时所提到的。当一个条件概率的估计等于0时,对于模型的 L^2 检验,通常的做法是纠正与这一参数相关的自由度。由于在每一个潜类别中,每一个观测变量的条件概率之和必须等于1(方程2.12),从而这里需要6个自由度来估计怀疑论者的条件概率,6个自由度来估计信奉者的条件概率,5 个自由度来估计理想型受访者的条件概率。另外还需要 2 个自由度来估计潜类别概率(因为这些概率之和也必须为 1)(方程 2.8)。因此估计这个三类别模型的 19 个参数需要消耗 19 个自由度,于是还剩下(35 — 19＝)16 个自由度以供模型检验。

表 3.3　三类白人受访者的条件概率和潜类别概率:1982 年 GSS

显　变　量		受访者类型		
		理想型 (Ⅰ)	信奉型 (Ⅱ)	怀疑型 (Ⅲ)
目标性	好	0.888	0.910	0.142
	看情况	0.053	0.072	0.225
	浪费时间	0.059	0.017	0.634
准确性	大多数可信	0.613	0.648	0.030
	不可信	0.387	0.352	0.970
合作性	感兴趣的	0.943	0.688	0.641
	合作的	0.057	0.257	0.256
	不耐烦,有敌意	0.000 *	0.055	0.103
理解力	好	0.998	0.315	0.753
	一般,差	0.002	0.686	0.247
潜类别概率		0.6222	0.2060	0.1718

注:* 通过最大似然步骤被估计为 0。

把观察对象分配到潜类别

很多时候,潜类别分析只是研究的第一步。在定义好潜类别以后,分析者可能希望将受访者分配到最合适的潜类别中以供进一步的分析(例如,McCutcheon,1985)。由于在观察到的测量上具有一样分数的受访者被认为出于同一个潜类别,因此在观测变量交互表中,潜类别是逐格分配的。将方程 2.10 代入方程 2.11，可得到在单元格 ijk 的受访者来自潜变量第 t 个层级的概率 $[P(X=t \mid ABC)]$。

$$\pi_{ijkt}^{ABC\bar{X}} = \pi_{ijkt}^{ABCX} / \sum_t \pi_{ijkt}^{ABCX} \tag{3.1}$$

方程 3.1 允许我们计算三个潜类别对交互表每一个单元格的不同贡献，也允许我们把单元格内的观察对象分配给具有最大的条件概率 $\pi_{ijkt}^{ABC\bar{X}}$ 的潜类别。例如，我们可以计算在交互表中落在单元格 $(2,2,1,1)$ 的 43 个受访者分别在三个潜类别中的概率。通过方程 2.7，我们可以先对每一个潜类别计算其概率 $\pi_{22\,11t}^{PACUX}$。

$$\pi_{21}^{\bar{P}X} \pi_{21}^{\bar{A}X} \pi_{11}^{\bar{C}X} \pi_{11}^{\bar{U}X} \pi_{1}^{X} = 0.053 \times 0.387 \times 0.943 \times 0.998 \times 0.6222$$
$$= 0.0120$$

$$\pi_{22}^{\bar{P}X} \pi_{22}^{\bar{A}X} \pi_{12}^{\bar{C}X} \pi_{12}^{\bar{U}X} \pi_{2}^{X} = 0.072 \times 0.352 \times 0.688 \times 0.315 \times 0.2060$$
$$= 0.0013$$

$$\pi_{23}^{\bar{P}X} \pi_{23}^{\bar{A}X} \pi_{13}^{\bar{C}X} \pi_{13}^{\bar{U}X} \pi_{3}^{X} = 0.225 \times 0.970 \times 0.641 \times 0.753 \times 0.1718$$
$$= 0.0181$$

利用这些估计再计算将单元格 $(2,2,1,1)$ 中的观察对象分别分配到三个类别的条件概率：

$$\pi_{22\,111}^{PACU\bar{X}} = \frac{0.0120}{(0.0120 + 0.0013 + 0.0181)} = 0.3822$$

$$\pi_{22\,112}^{PACU\bar{X}} = \frac{0.0013}{(0.0120 + 0.0013 + 0.0181)} = 0.0417$$

$$\pi_{22\,113}^{PACU\bar{X}} = \frac{0.0181}{(0.0120 + 0.0013 + 0.0181)} = 0.5761$$

可见，由于分配到第三类的概率(0.5761)要比第一类(0.3822)和第二类(0.0417)都高,从而,单元格(2,2,1,1)中的观察对象将被分配到第三个潜类别——怀疑论者。幸运的是,MLLSA 程序会自动计算众数概率(modal probability)并且把单元格分配给不同的潜类别。

　　然而把观察对象分配到潜类别可能存在问题,因为单元格(2,2,1,1)中的观察对象会由于众数概率被分配到第三类潜类别。这表明有一些错误可能会在该步骤中出现。基于此,克罗格(Clogg,1979,1981)发明了两种测量用来估计这些误差:正确归类的比例以及分配的 lambda(λ)。正确归类比例的计算如下:

$$100 \times \sum_{ijk} (\pi_{ijkt\cdot}^{ABC\bar{X}} \times P_{ijk})$$

其中,$\pi_{ijkt\cdot}^{ABC\bar{X}}$ 是单元格的众数概率而 P_{ijk} 是单元格占总体的比重。lambda(Goodman & Kruskal,1954)的计算如下:

$$\lambda = \frac{E_1 - E_2}{E_1}$$

其中 $E_1 = 1 - \pi_{t\cdot}^X$,为把所有观察对象分配到最大的潜类别可能造成的误差率。在早先的例子中,把所有的观察对象分配到理想型类别所造成的误差率等于 $1 - 0.6222 = 0.3778$。E_2 是单个单元格使用众数概率会造成的期望误差率:

$$E_2 = \sum_{ijk} (1 - \pi_{ijkt\cdot}^{ABC\bar{X}}) P_{ijk}$$

lambda 是一个对潜变量(X)和联合变量(ABC)之间联系的紧密度的测量。在决定引进潜变量后观测变量间的关系在多大程度上可被改进时,这个测量可被用作对 L^2 的补充。

第 2 节 │ **验证性的潜类别分析**

　　由于受访者类型的探索性潜类别分析对于条件或潜类别概率的取值并没有施加限制,因而被叫作非限制性的潜类别模型。我们往往可能基于条件或潜类别概率值的具体假设进行检验。例如,我们可能想检验当理想型和信奉型受访者在对调查的评估方面相似时,他们是否在(被访问员所评估的)理解力和合作性方面有所不同。这个假设要求分析者对条件概率施加限制条件(例如, $\bar{\pi}_{i1}^{PX} = \bar{\pi}_{i2}^{PX}$ 和 $\bar{\pi}_{j1}^{AX} = \bar{\pi}_{j2}^{AX}$)。这种对限制性的潜类别模型的分析被称为验证性的潜类别分析。

　　验证性的潜类别分析为研究者对潜变量的本质进行假设检验提供了强大的工具。潜类别和条件概率可以在多方面加以限制以检验不同类型的假设。可是,就像我们在接下来的讨论中将会注意到的,限制性潜类别模型要求研究者负责观察所施加限制条件的影响以达到潜类别和条件概率总和为 1 的要求(方程 2.8 和方程 2.12),并且对于潜变量的所有类别来说,没有任何一个单元格的期望概率为 0(方程 2.16)。

　　一般来说,有两种类型的限制条件或约束条件可以被置于参数上:等式约束(equality constraint)和具体值约束

（specific value constraint）。等式约束要求两个或以上的模型的潜类别概率和条件概率取相同的值，在潜类别概率相等的情况下，这个约束条件检验的假设是每一个类别大小相同；在条件概率相等的情况下，这个约束条件检验的假设是在观测变量的给定水平上，两个或以上的类别中的观察对象被发现的概率相等。具体值约束，从另一方面说，要求两个或以上的潜类别或条件概率等于先验设定（priori specification）。剩下的潜类别模型多多少少都被施加某些限制条件。在这一部分，我们将对条件和潜类别概率的限制的使用和解释进行讨论。

条件概率限制

很多时候，研究者希望给条件概率一个先验性的约束条件用以将观察到的测量对潜类别贡献的本质进行假设检验。比方说，在关于受访者类型的例子中，我们可能对检验所有理想型受访者都具有"很好的"理解力的假设感兴趣，或者对信奉者和理想的受访者在调查的准确性和目的性上的评估相似，但是（由访员评估的）理解力和合作性不同的假设有兴趣。其中任一假设都代表了一种对条件概率不同类型的限制，从而致使解释有所不同。

具体值约束通过限制了最大似然估计步骤来拟合（一个有一个或多个条件概率被设为具体值的）潜类别模型。通常仅在理论要求某一具体值时适用。比如，我们可以规定某一特定回答（潜类别中的一个）的条件概率等于 0.5，这样就可以检验某类受访者给出某个特定的回答的概率为 50% 的假设。或者,我们可以检验在某一个类别中,对特定问题的回答是否反映了总体情况的假设。此时,我们可以限定这个变量的条件概率与从整个总体中计算得出的概率相等。

然而,这些具体值约束的类型中最有用的可能是限定条件概率为 1 或 0。在当前的这个例子中,我们检验所有怀疑论者对调查的准确性确确实实持怀疑态度的假设,即被划分为怀疑论者的受访者总是对准确性的问题选择"不可信",这等价于限制 $\pi_{23}^{\bar{A}X}=1$。而且,由于方程 2.9,又有 $\pi_{13}^{\bar{A}X}=0$,从而我们可以检验所有理想型受访者在对调查问题的理解力方面为"好"的假设,也就是 $\pi_{11}^{\bar{U}X}=1$,以及 $\pi_{21}^{\bar{U}X}=0$。最后,由于探索性方法发现没有理想型受访者是"不耐烦的或有敌意的",因此我们把它加为一个确切的指标限制 ($\pi_{13}^{\bar{C}X}=0$),要留意理想型受访者对另两个合作性回答的条件概率 ($\pi_{11}^{\bar{C}X}$ 和 $\pi_{12}^{\bar{C}X}$) 没有被限制。带有这些限制条件的模型拟合请见表 3.4。

正如我们在表 3.4 中所看到的,具体值和等式约束的加入增加了三分类模型的 L^2。由于这三个模型是有层级的(或者说嵌套的),我们可以通过把每个模型的 L^2 相减来拆分 L^2 以检查模型限制条件的可接受度。例如,为了检验具体值约束的认可度,我们用限制模型的 L^2(以及自由度)(22.13)减去非限制模型的 L^2(以及自由度)(21.93),得到了一个 L^2 可接受增量 $(0.20, 18-16=2df)$。从而得出结论,如果 L^2 的增量相对于其自由度较小的话,那么拟合就是可以接受的,但是如果 L^2 的增量所涉及的概率小于 0.05,那么新加入的模型限制会令模型与原数据显著不同。由于加入这些对参数的限制使得 L^2 只增加了 0.20,同时减少了两个需要估计的模型参数,因此我们认为这些限制实质性地提升了模型的拟合度。

表 3.4　白人受访者类型的验证性潜类别模型

模　　型	L^2	χ^2	自由度
非限制性三分类模型	21.93	23.59	16
具体值约束*	22.13	24.45	18
具体值和等式约束*	25.59	27.01	21

注：*参见关于限制条件描述的内容。

　　需注意的是，当施加具体值的限制条件时，研究者不要去定义一个不允许数据包含可观测组合的潜类别模型。如上所提到的限制模型，怀疑论者可通过包含任何认为调查大多数可信的受访者的信息加以限定。如果我们对理想型受访者和信奉者类别对调查目标性的评估为"浪费时间金钱"这一情况施加具体值限制，即便表 3.1 中显示有 32 个这样的受访者存在，模型仍将完全排除那些评估调查的准确性为"大多数可信"，并且评估调查的目标为"浪费时间"的受访者。当这种类型的错误发生时，L^2 可能会出现负值，而且交互表中受到影响的单元格的众数条件概率（modal conditional probability）将会是 0。

　　不同于具体值约束，等式约束并不要求一个对条件概率的先验性规定，而是限定两个或以上的条件概率估计值相等。例如，在两个或以上类别中，我们限定观察到的测量的条件概率为完全一样。因此，这个限制性条件检验了观测变量并不排斥某一个具体类别的假设。要特别注意的是，不要对同一个总体的两个（或以上）类别的所有条件概率施加这类等式约束，因为这可能相当于检验两个类别完全一样的假设，即意味着只存在一个类别，而非两个。

　　限制测量每一个层级的条件概率等于对这个变量的其他每一个层级中该类受访者对问题给出某个回答的可能性与其他的回答相同的假设进行检验。这种类型的等式约束在这里不会被考虑,因为它与一个确切的指标限值是一样的,即:对于一个二分测量来说,这个限制等于限定每一个条件概率等于 0.50;对于一个三分测量来说,等于限定每一个条件概率等于 0.333,以此类推。至于确切指标限制,必须要注意的一点是,要保证每一个变量的条件概率在每一个潜类别中的总和等于 1。

　　在表 3.4 的最后一个模型中,我们对理想型的受访者和信奉者对调查的评估施加了等式约束。这些限制检验了一个一般假设:两类受访者仅在他们对调查问题的理解力以及访问中的合作性水平上有区别。具体来说,我们施加了一个等式约束,这两个类别的成员有同样的可能认为调查是"可信的"($\bar{\pi}_{11}^{AX} = \bar{\pi}_{12}^{AX}$),以及调查的目标性"好"($\bar{\pi}_{11}^{PX} = \bar{\pi}_{12}^{PX}$)或"看情况"($\bar{\pi}_{21}^{PX} = \bar{\pi}_{22}^{PX}$)。

　　表 3.4 中的数据显示这三个条件概率等式约束的加入令模型自由度增加了($21 - 18 =$)3,L^2 增加了($25.59 - 22.13 =$)3.46。由于该结果在统计上并不显著,因而支持了信奉者和理想型受访者对调查持有类似的主观态度的假设。但是当一次性施加好几个限制条件时需要特别小心,因为即便模型中存在一个不可接受的限制条件,模型总体的 L^2 仍看似可接受。因此,当包含几个自由度的 L^2 增量超过单一自由度的 0.05 显著水平时,最好分别地检验每一个限制条件。

　　表 3.5 展示了受访者类型的限制性潜类别模型的条件概率估计。这些估计值与表 3.3 展示的探索性结果差异甚微。

关于受访者类型,尽管我们已经检验了几个相关假设,即:不存在(被评估为)不耐烦或有敌意的理想受访者;所有理想型受访者的理解力都(被评估为)好;不存在认为调查的准确性为"大多数可信"的怀疑论者;信奉者和理想型受访者仅在理解性和合作性上有差别,而不是他们对调查的主观评估。最后,其中 3/5 的受访者可以被划分为理想型(0.6190),超过 1/5 的可以被划分为信奉型(0.2232),还有约 1/6 的可以被划分为怀疑型(0.1579)。

表 3.5　白人受访者的三个限制类别的条件概率和潜类别概率:1982 年 GSS

显　变　量		受访者类型		
		理想型 （Ⅰ）	信奉型 （Ⅱ）	怀疑型 （Ⅲ）
目标性	好	0.887[†]	0.887[†]	0.110
	看情况	0.060[†]	0.060[†]	0.228
	浪费时间	0.053	0.053	0.661
准确性	大多数可信	0.617[†]	0.617[†]	0.000[*]
	不可信	0.383	0.383	1.000
合作性	感兴趣的	0.943	0.683	0.649
	合作的	0.057	0.260	0.248
	不耐烦,有敌意	0.000[*]	0.058	0.103
理解力	好	1.000[*]	0.338	0.765
	一般,差	0.000	0.662	0.235
潜类别概率		0.6190	0.2232	0.1579

注:† 等式约束条件被施加;* 确切指标限制被施加。

潜类别概率限制

在某种意义上来说,潜类别的个数（T）的设定是对潜类别模型施加限制条件。然而通常这个设定并不被看作一个限制条件。相反,对潜类别概率限制的概念反映了对条件概率限制的类型。也就是说,潜类别概率的具体值约束规定了一个或多个潜类别的先验值,而潜类别概率的等式约束限定的是两个或多个类别大小相等。

在实践中,对潜类别概率的具体值限定在社会研究中在某种程度上的用途可能有限。比如说,研究者可能要检验给定类别占总体的具体比重的假设。在限定潜类别概率时,拆分 L^2 的步骤与限定条件概率时拆分 L^2 的步骤相似,即每增加一个潜类别概率的限制条件会释放一个自由度,而这些自由度被用来检验限制性模型和非限制性模型之间拟合的可接受度。由于潜类别概率之和必须为 1(方程 2.8),因此,只要潜类别不超过 $T-1$ 个,其概率均可加以限制。需要注意的是,在指定具体值的时候要满足总和为 1 的这一要求。然而,与条件概率的这种类型的限定使用不同,我们不会检验所有总体都处于给定类别(即 $\pi_t^X = 1.0$),或者没有一个总体处于给定类别的假设(即 $\pi_t^X = 0.0$)。原因在于前者实际上是对独立模型的检验,而后者则是通过检验在潜变量上减少一个类别的模型拟合来得到解决。

在某种意义上,潜类别概率的等式约束对于潜类别建模来说是更有用的约束条件。比方说,研究者可以检验假设总体的两个或以上类别大小相同。此时,我们仅需要一个自由度就可以估计被约束为相等的潜类别概率,所以,如果有两个类别被限定为相等,则有一个自由度会被释放,如果是三个类别,两个自由度会被释放,以此类推。由于潜类别概率之和必须为 1(方程 2.8),等式约束可以被施加不多于 $T-1$ 个潜类别概率。如果被拆分的 L^2 的增量相对较小(即统计上不显著),我们就可以接受两个或多个类别大小相等的假设。在比较两个或以上总体的潜类别时,这种类型的约束就特别有用,我们在第 5 章会具体讲这个问题。

有时,研究者可能想检验所有潜类别都大小相等的假设,即潜类别是等概率的(例如,$\pi_1^X = \pi_2^X = \cdots = \pi_T^X$)。 因为等式约束只可以被施加给 $T-1$ 个潜类别概率,也就是说,未被限定的类别不需要取与其他类别一样的值,所以,等式约束此时就不起作用了。在这种情况下,分析者应该使用具体值约束,通过指定被限定的潜类别概率为一个特定值,那么,剩下的一个未被限定的类别只可能有一个取值(潜类别概率和恒等于 1)。例如,为了检验受访者的三个类型是等概率的假设,前两个类别必须被限定为 0.333,从而,最后剩下的一个类别自然而然就等于 0.334。

虽然这里并没有给出潜类别概率的限制条件的具体例子,但我们将会在第 5 章中比较白人和黑人的潜在受访者类型的时候考虑这些类型的限制条件的使用。表 3.3 和表 3.5 中相应的程序命令请参见附录 B。

第 **4** 章

分析尺度回答模式

　　在这章中我们将会考察限制性潜类别模型的一种特殊用法——对一组观测回答的可扩展性(scalability)的分析。这个方法假设潜变量的类别代表了潜在特征的"难度"序列;观察到的测量可以按照他们在潜变量(X)上的难度依次排序。因此,随着潜变量的类别变高,受访者在越来越难的测量上被"正确地"评分的可能性变大,然而那些处于较低潜类别的受访者,即使在"更简单"的测量上,他们被"错误地"评分的可能性也很高。托格森(Torgerson,1958)认为潜结构模型的这种用法与概率性的哥特曼尺度类似。

　　哥特曼尺度假设一组二分类的可观测测量可以按照它们的难度排序以构建一个一维潜在现象尺度。尽管哥特曼尺度乍一看很具有吸引力,却经常因为它的确定性形式以及对它的评估标准的临时性本质而饱受非议。哥特曼尺度的确定性形式在关于误差率的假设方面特别明显,它要求每一个测量都没有错误。除此之外,尺度的评估标准——再生性的系数和缩放性的系数,也是几乎没有统计学"经验法则"支持的。

　　在这章中我们会考察几种量表分析的概率处理法。这些方法融合了测量误差的概念,并提供了基于概率思想的评价标准。相关讨论基于 1980 年国家选举研究（NES）[3] 的四个关于政治选举运动的参与条目，它们测量了受访者在 1980 年政治选举运动中的参与水平。有意向进行调查条目扩展性的完整分析的分析者，请详见克罗格和索耶（Clogg & Sawyer，1981）的相关内容。

在选举后的调查中，NES 的受访者被问到他们在 1980 年竞选运动中的政治参与情况。在这个部分的分析中我们会集中关注四种类型的竞选运动活动：

> V：在谈到选举的时候，我们发现很多人没有办法投票是因为（因为年龄不够）没有注册，生病了，或者是没有时间。而你是否在今年 11 月的选举中投票呢？
>
> I：在竞选运动中，你有没有和其他任何人讨论并且试图说明为什么他们应该为某一个政党或候选人投票呢？
>
> A：你有没有参加任何政治会议、集会、筹款晚宴，或其他类似的活动？
>
> W：你有没有（在竞选中）为某一个政党或候选人工作过？

为了方便分析，只有那些在每一个条目上回答是或否的受访者被纳入分析中，从而分析用的样本从总样本的 1 408 个减少到 1 402 个。表 4.1 为这四个条目的交互表。

尽管 k 个条目具有 $k!$（24）种可能的排序，哥特曼尺度假设只存在唯一一种正确的难度排序。且哥特曼尺度的逻辑还意味着，在该序列里，一旦某人对一个简单的条目给出消极的回答，他或她也会对之后的每一个条目给出消极的回答。因此所要进行的第一个任务就是对条目难度进行排序。
决定条目合适顺序的一个可能的方法是参考理论或以前的研
究。这里,我们使用的方法是通过检查每一个条目的肯定回
答的边际分布来决定条目的难易程度。相关内容请见表 4.2。

表 4.1 四个政治竞选参与条目的交互表:1980 年 NES

			投票(V)	
			是	否
工作(W)	参与(A)	影响(I)		
是	是	是	27	0
		否	2	0
	否	是	16	0
		否	4	1
否	是	是	40	3
		否	32	2
	否	是	339	83
		否	543	310

表 4.2 四个竞选参与条目的回答的边际分布($N = 1\,402$):1980 年 NES

参与条目*	是	否
投票(V)	1 003	399
	71.5%	28.5%
影响(I)	508	894
	36.2%	63.8%
参与(A)	106	1 296
	7.6%	92.4%
工作(W)	50	1 352
	3.6%	96.4%

注:*对条目的详细描述参见文中内容。

由表 4.2 可见,受访者投票的难度最低(71.5%),为一个
候选人或政党工作的难度最高(3.6%),而影响他人和参加会
议或集会则在这两个条目中间。从而,这四个竞选活动条目

应该排列为(V、I、A、W),其中投票(V)是最容易的(即愿意参与的)条目,而为一个候选人或政党工作(W)是最难的(即不愿意参与的)条目。如果我们指定肯定回答为 1 而否定回答为 2,那么对于竞选参与的这四种形式则有 $k+1$ 个回答模式被认为是正确的:

$$(1,1,1,1)(1,1,1,2)(1,1,2,2)$$
$$(1,2,2,2)(2,2,2,2)$$

由于所有的条目都是二分类的,因此,对四种形式的参与难度排序而言,就有 $2^k = 2^4 = 16$ 个可能的回答模式。其中,(16-5=)11 个模式是错误的,剩下 5 个正确的回答类型分布请见表 4.3。

表 4.3　对应顺序(V、I、A、W)的 1980 年 NES 受访者在尺度类型中的分布

尺度类型	回答模式	频　率	比　例
1	(1, 1, 1, 1)	27	1.93
2	(1, 1, 1, 2)	40	2.85
3	(1, 1, 2, 2)	339	24.18
4	(1, 2, 2, 2)	543	38.73
5	(2, 2, 2, 2)	310	22.11
尺度类型的总和		1 259	89.80
误差		143	10.20
总和		1 402	100.00

我们可以通过用预期为否但实际回答为是的回答和预期为是但实际回答为否的回答的总数除以所有回答的总数来估计人均误差率。这个误差率我们用 e_2 表示,计算如下:

$$e_2 = E_2/(kn)$$

其中,E_2 是不正确回答的总和,k 是尺度中条目的数量,n 是受访者的数量。我们知道，$E_2=151$，从而有 $e_2=\dfrac{151}{4\times1\,402}=$ 0.027。 哥特曼的再生性系数的计算是：$1-e_2=1-0.027=$ 0.973，明显超过了一般条目有效尺度的最低标准 0.9。如克罗格和索耶(Clogg & Sawyer, 1981)提出的，一组条目仅从边际分布就可得知，依照惯例，我们常常要计算一组条目再生性的最低值，该值可以通过把具体条目的边际最小值(表 4.2)相加，然后再除以回答总数来计算最大误差率得到：

$$e_1=E_1/(kn)$$

在这四个竞选活动条目中响应误差(response error)的最大数量是 1 063，所以 $e_1=\dfrac{1\,063}{4\times1\,402}=0.190$。 于是，我们可以估计这个样本的最小边际再生性为 $1-e_1=1-0.190=0.810$。

最后一个通常涉及哥特曼尺度的测量是哥特曼的扩展性系数，它估计误差率的下降比例，其计算式为：

$$S=(e_1-e_2)/e_1$$

对于四条 1980 年 NES 选举活动条目而言，其哥特曼扩展性系数是 0.858。这个估计值超过了认为条目是一维和累积的最低标准 0.6。

第 1 节 ┃ **具有测量误差的模型**

　　哥特曼尺度的确定性本质引发了一系列替代方法的提出。这些替代方法将响应误差作为测量模型不可分割的一部分,并假设每一个单独的条目都具有测量误差。比如,在选举当天,一个政治上十分活跃的人可能因为生病了而不能投票,或者一个政治上不活跃的人可能与朋友一起参加了一个政治晚宴。因此,没有一个条目可以被认为是完美测量,即对每一个测量的条目的响应都是有问题的。正如我们将看到的,在这部分中,所有的模型都可以被看作前一章所考察的限制性潜类别模型的特例。

普罗科特模型

　　我们考虑的第一个哥特曼模型的概率变异是由普罗科特(Proctor,1970)提出的,他假设每一个尺度条目的误差率在所有条目和尺度类型中都是一样的。普罗科特(Proctor)模型可以被看作潜类别模型的一个特例,其中 $K+1$ 个潜类别都分别代表了 $K+1$ 个尺度位置。例如,如果条目的误差率等于 0.05(即有 5% 的可能性给出错误的答案),一个在四个竞选活动条目的潜在尺度上位置 3 的人(即 1,1,2,2)有

0.95 的可能性肯定地回答两个容易点的条目和 0.05 的可能性肯定地回答两个较难的题目。哥特曼模型假设所有在位置 3 的人都会肯定地回答两个容易的条目而否定地回答两个较难的条目,但是普罗科特模型假设对尺度条目的回答都受到误差的影响。因此,为了得到普罗科特模型,我们对包含五个潜类别的尺度条目条件概率施加了等式约束,即对所有的条件概率都赋予相同的值。

$$
\begin{aligned}
\pi_{11}^{\bar{V}X} &= \pi_{11}^{\bar{I}X} = \pi_{11}^{\bar{A}X} = \pi_{11}^{\bar{W}X} \\
&= \pi_{12}^{\bar{V}X} = \pi_{12}^{\bar{I}X} = \pi_{12}^{\bar{A}X} = \pi_{22}^{\bar{W}X} \\
&= \pi_{13}^{\bar{V}X} = \pi_{13}^{\bar{I}X} = \pi_{23}^{\bar{A}X} = \pi_{23}^{\bar{W}X} \quad (4.1) \\
&= \pi_{14}^{\bar{V}X} = \pi_{24}^{\bar{I}X} = \pi_{24}^{\bar{A}X} = \pi_{24}^{\bar{W}X} \\
&= \pi_{25}^{\bar{V}X} = \pi_{25}^{\bar{I}X} = \pi_{25}^{\bar{A}X} = \pi_{25}^{\bar{W}X}
\end{aligned}
$$

普罗科特模型的估计只需要一个自由度来估计条件概率,以及 k 个自由度来估计 $k+1$ 个尺度位置的潜类别概率。正如我们在表 4.4 中看到的,普罗科特模型不能对包含四个条目的竞选活动尺度提供一个合适的拟合 ($L^2 = 138.19$,$10df$)。 如克罗格和索耶(Clogg & Sawyer,1981:253)提出的,导致普罗科特模型不能拟合数据的原因有五个:(1)条目可能被错误地排序;(2)条目可能代表不止一个潜在维度;(3)回答的误差率可能并不相等,即它们可能随着条目或者潜尺度类型(潜类别)或二者同时变化;(4)亚群体中条目的排序可能与假设的完全不同;(5)以上因素的组合。

虽然我们必须拒绝该四个条目竞选活动尺度的普罗科特模型,但是需要注意的是,所得模型误差率(条件概率)的估计为 0.046,且在五个尺度类型(潜类别概率)占总体比例的估计分别是：

　　0.0201　　0.0190　　0.2920　　0.4260　　0.2429

　　由于这个模型假设了响应误差率，在尺度类型中估计的占总体的比例不需要等于实际观察到的比例，因此，虽然0.0193 的个案在尺度类型 1 上（见表 4.3），但是普罗科特模型估计在 1980 年的政治竞选中活动中有 0.0201 的人属于这个高度活跃的类别。

具体条目误差率模型

　　我们考察的第二个模型是具体条目误差率模型，该模型释放了普罗科特关于所有尺度条目具有相同误差率的假设（Clogg & Sawyer，1981）。取而代之，它假设（k 个条目中的）每个条目都有相对应具体的响应误差率。如普罗科特模型一样，具体条目误差率模型是限制性潜类别模型的一个特例，其误差率（条件概率）的限制如下：

$$\pi_{11}^{\bar{V}X} = \pi_{12}^{\bar{V}X} = \pi_{13}^{\bar{V}X} = \pi_{14}^{\bar{V}X} = \pi_{25}^{\bar{V}X}$$
$$\pi_{11}^{\bar{I}X} = \pi_{12}^{\bar{I}X} = \pi_{13}^{\bar{I}X} = \pi_{24}^{\bar{I}X} = \pi_{25}^{\bar{I}X} \qquad (4.2)$$
$$\pi_{11}^{\bar{A}X} = \pi_{12}^{\bar{A}X} = \pi_{23}^{\bar{A}X} = \pi_{24}^{\bar{A}X} = \pi_{25}^{\bar{A}X}$$
$$\pi_{11}^{\bar{W}X} = \pi_{22}^{\bar{W}X} = \pi_{23}^{\bar{W}X} = \pi_{24}^{\bar{W}X} = \pi_{25}^{\bar{W}X}$$

由于我们对这个模型的 k 个条目估计误差率（条件概率），因此需要使用 k 个自由度。另外，我们还需要 k 个自由度来估计 $k+1$ 个尺度类型（潜类别）中总体的比例，因此具体条目误差率模型要估计 $2k$ 个参数。

表 4.4　涉及回答误差率的尺度模型的 L^2 和 χ^2 值

模　型	DF	L^2	χ^2
普罗科特模型	10	138.19	137.27
具体条目误差率模型	7	36.63	36.77
真具体类型误差率模型	7 *	89.02	86.54
拉扎斯菲尔德潜距离模型	5	14.79	12.38

注: * 有一个误差率被估计为 0。

　　显然,相较于普罗科特模型,具体条目误差率模型极大地改善了对观测数据的拟合。普罗科特模型和具体条目误差率模型是分层级的,所以我们可以拆分 L^2,通过估计具体条目的误差率来检验模型拟合的改进程度。表 4.4 展示了对 L^2 的拆分结果,显然具体条目误差率模型比普罗科特模型有所改进($L^2 = 138.19 - 36.63 = 101.56$,$df = 10 - 7 = 3$)。这个模型估计的四个竞选活动条目的误差率说明投票最不容易受误差的影响(0.003),试图影响他人最容易受误差影响(0.211),而为一个候选人或政党工作和参加一个会议或集会的回答误差率处于中间(分别是 0.015 和 0.025)。还有,属于该五种尺度类型的占总体的比例的估计分别为:

　　0.0216　　0.0333　　0.2043　　0.4576　　0.2832

表 4.4 显示的模型 L^2 说明具体条目误差率模型(36.63,$7df$)并没有很好地拟合数据,因此我们必须拒绝该模型。同时,我们必须拒绝假设四个竞选活动尺度条目的回答误差在每一个尺度类型上都恒定不变的假设。

真具体类型误差率模型

　　我们考虑的第三种类型的模型——真具体类型误差率

模型,释放了普罗科特模型关于尺度类别的误差率具有同质性的假设(Clogg & Sawyer,1981)。释放这个假设意味着在潜在竞选活动参与尺度上具有不同位置的受访者类型不同,并且他们会受到不同具体类型的响应误差率的影响。然而我们应该注意到,真具体类型误差率模型要假设所有的竞选活动参与尺度条目都受到每一个类型之内的同一个误差率的影响,也就是说,在每一个潜类别里,每一个条目被错误地回答的可能性相同。与前面两个模型一样,真具体类型误差率模型同样可以表达为一种特殊类型的潜类别模型。我们通过施加以下约束条件进行模型设定:

$$\pi_{11}^{\bar{V}X} = \pi_{11}^{\bar{I}X} = \pi_{11}^{\bar{A}X} = \pi_{11}^{\bar{W}X}$$

$$\pi_{12}^{\bar{V}X} = \pi_{12}^{\bar{I}X} = \pi_{12}^{\bar{A}X} = \pi_{22}^{\bar{W}X}$$

$$\pi_{13}^{\bar{V}X} = \pi_{13}^{\bar{I}X} = \pi_{23}^{\bar{A}X} = \pi_{23}^{\bar{W}X} \tag{4.3}$$

$$\pi_{14}^{\bar{V}X} = \pi_{24}^{\bar{I}X} = \pi_{24}^{\bar{A}X} = \pi_{24}^{\bar{W}X}$$

$$\pi_{25}^{\bar{V}X} = \pi_{25}^{\bar{I}X} = \pi_{25}^{\bar{A}X} = \pi_{25}^{\bar{W}X}$$

由于模型有 $k+1$ 个类型(潜类别),并且每一种类型都要求估计一个单独的响应误差率,因此,我们需要 $k+1$ 个自由度来估计具体类型的误差率。与前面两种模型一样,还需要 k 个自由度来估计 $k+1$ 个尺度类型(潜类别)占总体的比例。于是估计真具体类型误差率模型需要 $2k+1$ 个参数。

真具体类型误差率模型的 L^2(见表 4.4)体现了其在拟合度上对普罗科特模型的改进。通过移除假设——所有五个尺度类型受同样的响应误差率的影响,我们使用另外(10 − 6 =)4 个自由度获得了拟合度 L^2(138.19 − 89.02 =)49.17 的改进。这表明我们必须拒绝每一个尺度类型的响应误差率完全相同的假设。相反,会有五个误差率分别对应于五个尺度类别的每一个类别。这五个具体类别的误差率估计从类型 1 到类型 5 分别为:

$$0.000 \quad 0.175 \quad 0.104 \quad 0.025 \quad 0.007$$

这些估计值说明中间两个类型(如类型 2 和类型 3)的回答误差率是最高的,两端的较小(类型 1、类型 4、类型 5)。五个尺度类型的占总体比例的估计分别为:

$$0.0156 \quad 0.0050 \quad 0.3687 \quad 0.3961 \quad 0.2146$$

由于表 4.3 中 143 个"误差"来源于响应误差的假设,从而使得尺度类型的比例估计要比表中报告的观测尺度类型的比例大。浏览数据可以发现,最大的差别出现在具有最高估计响应误差的类别上。与普罗科特模型和具体条目误差率模型一样,表 4.4 结果显示,真具体类型误差率模型不能很好地拟合观测数据(因为模型 $L^2 = 89.02$,自由度为 $7df$)。

拉扎斯菲尔德的潜距离模型

我们考虑的最后一种响应误差率模型是潜距离模型,它由拉扎斯菲尔德(Lazarsfeld,1950a,1950b)提出,是最早作为一个条目度量的潜结构建模方法。潜距离模型更类似于具体条目误差率模型,它们都假设误差率是具体条目而非具体类型。但是与具体条目误差率模型不同,潜距离模型假设对某一条目肯定回答的误差率与对该条目否定回答的误差率不同。这个假设适用于所有的尺度条目而非两个最"极端的"条目(如最简单和最难的条目)。拉扎斯菲尔德和亨利详细地讨论道,对这两个极端的尺度条目估计的可靠误差率不可能多于一个(Lazarsfeld & Henry, 1968：123—138)。因此,基于这两个条目的内容,要预先确定它们是否可以作为尺度的"锚",如其中一个是最简单的条目,而另一个是最难的。于是每一个中间条目都有两个误差率估计值：一个是肯定回答的,另一个是否定回答的。

　　潜距离模型误差率可以通过施加以下对条件概率的限制条件来估计：

$$\pi_{11}^{\bar{V}X} = \pi_{12}^{\bar{V}X} = \pi_{13}^{\bar{V}X} = \pi_{14}^{\bar{V}X} = \pi_{25}^{\bar{V}X}$$

$$\pi_{11}^{\bar{I}X} = \pi_{12}^{\bar{I}X} = \pi_{13}^{\bar{I}X}$$

$$\pi_{24}^{\bar{I}X} = \pi_{25}^{\bar{I}X} \tag{4.4}$$

$$\pi_{11}^{\bar{A}X} = \pi_{12}^{\bar{A}X}$$

$$\pi_{23}^{\bar{A}X} = \pi_{24}^{\bar{A}X} = \pi_{25}^{\bar{A}X}$$

$$\pi_{11}^{\bar{W}X} = \pi_{22}^{\bar{W}X} = \pi_{23}^{\bar{W}X} = \pi_{24}^{\bar{W}X} = \pi_{25}^{\bar{W}X}$$

从这些限制条件可以看到,每一个中间的尺度条目都有两个误差率估计(条件概率),而两个极端的尺度条目只有一个。因此潜距离模型需要估计 $2(k-2)+2$,即 $2k-2$ 个不同的误差率。要估计每一个尺度类型(潜类别概率)中的总体比例,我们又需要估计另外 k 个参数。因此,最后总共需要 $3k-2$ 个自由度来估计潜距离模型。

　　表 4.4 中的 L^2 的拆分结果表明,潜距离模型在拟合度上明显优于普罗科特模型($L^2=123.40$,$5df$)和具体条目误差率模型($L^2=21.84$,$2df$)。真具体类型误差率模型和潜距离模型之间拟合度 L^2 的改进不能够通过拆分两个模型的 L^2 来检验,因为这两个模型不是嵌套的,因为真具体类型误

差率模型的误差率（条件概率）在尺度类型内受到限制，而潜距离模型的误差率在尺度条目内受到限制。潜距离尺度模型（$L^2 = 14.79$，$5df$）似乎比真具体类型误差率模型（$L^2 = 89.02$，$7df$）对数据的拟合更好。但是由于我们不能拆分 L^2 以检验是否一个模型的拟合要优于另一个，从而并没有一个有效的统计检验来帮助我们决定哪一个模型提供了对数据更好的描述。

当两个（或以上）模型都对观测数据提供了较好的拟合，且拟合优度标准又很难判断的情况下，克罗格和索耶（Clogg & Sawyer, 1981）建议把两个模型 lambda 系数和"正确分配的（观察对象的）比例"（参见第 3 章）的比较结果来作为选择的证据。尽管这两个统计量本意都不是作为拟合优度标准的替代品，但是在两个看似都可以接受的模型中，它们确实可以帮助我们选择。因此，如果我们比较真具体类型误差率模型（0.88 和 93.0%）和潜距离模型（0.69 和 84.0%）的 lambda 系数和正确分配比例的话，看起来真具体类型误差率模型似乎比较好。

表 4.5 展示了四个条目的竞选活动尺度的潜距离模型中的六个误差率估计和五个尺度类型的总体比例估计。误差率表明参与（A）条目的一个积极回答（编码为 1）具有比其他任何回答都要高的响应误差率（0.385），而该条目的消极回答的误差率（编码为 2）要小得多（0.027），意味着比起较不活跃的参与者，参与（A）条目能更好得区分更为活跃的参与者。更严重的问题也许是，影响（I）条目的积极和消极回答的误差率都相当高（分别是 0.167 和 0.215），这提醒我们在一个综合的尺度中使用这一条目的时候要特别小心。两端的条

目——投票（V）和工作（W）对于积极和消极的回答具有一样的响应误差率（方程4.4）。如两个误差率都很小（分别是0.001和0.002），说明这两个条目能很好地充当这个尺度的"锚"。结果显示，1980年的总体中仅有略多于3％（0.0335）的人属于最活跃的类别（尺度类型1）。而这个类别具有很高的可能性（0.615到0.998）会参与这四个竞选活动。另外，我们也注意到对于类别所占总体比例而言，最不活跃的类别（尺度类型5）超过最活跃的类别8倍。目前最大的类别是"投票专家"（尺度类型2），这些受访者尽管具有很高的可能性投票（0.999），却只有很低的可能性（0.002到0.215）参与到其他三个竞选活动中。仅这个类别就占到了1980年总体的接近一半（0.4774）。

表4.5 拉扎斯菲尔德潜距离模型估计的误差率和尺度类型比例

个体的内在类别	尺度类型	回答条目的误差的概率				尺度类型的比例
		V	I	A	W	
1	(1，1，1，1)	0.001	0.167	0.385	0.002	0.0335
2	(1，1，1，2)	0.001	0.167	0.385	0.002	0.0488
3	(1，1，2，2)	0.001	0.167	0.027	0.002	0.1558
4	(1，2，2，2)	0.001	0.215	0.027	0.002	0.4774
5	(2，2，2，2)	0.001	0.215	0.027	0.002	0.2844

第 2 节｜古德曼尺度模型

前面部分讨论的每一种尺度模型通过引入与尺度回答相关的误差率可能性来释放哥特曼的确定性假设。然而所有这些模型，依然保留了哥特曼的一个原始假设，即总体中的所有人都可以在同样的回答模式上被尺度化，所有对尺度模式的偏离都被归为随机扰动。古德曼（Goodman，1975）提出了一个替代性的模型，其中总体同质性的假设被释放。在这一部分，我们将用四个版本的古德曼尺度模型来简要地考察四个条目的竞选活动尺度：（1）第一个模型假设总体的一部分根据哥特曼条目排序"在本质上可以被尺度化"，而其他的"在本质上不能被尺度化"；（2）第二个模型与第一个类似，但是本质上可以被尺度化的总体的那一部分具有普罗科特模型的回答误差率；（3）第三个模型为两形体的模型，它假设总体中会出现多于一种的条目排列；（4）第四个模型与第三个类似，其中一个条目在分析中是"可拆分的"，即其中的一个条目不足以区分各尺度类型。

古德曼尺度模型的第一个变种假设总体中的一部分（用 π_0 表示）在本质上是不能被尺度化的，而总体中剩下的部分 $(1-\pi_0)$ 是可以根据哥特曼条目排序被尺度化。不可尺度化类型加入具有 $k+1$ 个尺度类型的模型意味着现在古德曼尺

度模型需要估计 $k+2$ 个类型。像之前考虑的那些模型一样,这个模型可以被看作一种特殊类型的限制性潜类别模型,其中我们对五个可尺度化的类别的条件概率施加了具体值约束,而对不可尺度化类型的条件概率没有施加限制条件:

$$
\begin{aligned}
1.0 = & \pi_{11}^{VX} = \pi_{11}^{IX} = \pi_{11}^{AX} = \pi_{11}^{\bar{W}X} \\
= & \pi_{12}^{\bar{V}X} = \pi_{12}^{IX} = \pi_{12}^{\bar{A}X} = \pi_{22}^{\bar{W}X} \\
= & \pi_{13}^{\bar{V}X} = \pi_{13}^{IX} = \pi_{23}^{\bar{A}X} = \pi_{23}^{\bar{W}X} \\
= & \pi_{14}^{\bar{V}X} = \pi_{24}^{IX} = \pi_{24}^{\bar{A}X} = \pi_{24}^{\bar{W}X} \\
= & \pi_{25}^{\bar{V}X} = \pi_{25}^{IX} = \pi_{25}^{\bar{A}X} = \pi_{25}^{\bar{W}X}
\end{aligned}
\tag{4.5}
$$

表 4.6 古德曼尺度模型的 L^2 和 χ^2 值

模　　　型	DF	L^2	χ^2
本质上不可尺度化的	6	20.55	17.51
普罗科特—古德曼	5	20.63	16.31
两形体尺度	5	7.02	5.94
排除类型 2 的两类型尺度	6	6.77	5.62

所有根据五个哥特曼回答模式给出答案的受访者理所当然地被包含到适当的类别中,这些回答模式被认为是确定性地被限定在一个给定类别中的。那些没有按照哥特曼排序回答的受访者(见表 4.3),即在四个竞选活动条目上的 143 个 NES 受访者,被包含到剩下不可尺度化的类别中。因此,在这个古德曼尺度模型的变异中,我们假设不可尺度化类型的尺度条目局部独立,即假定那些对允许排序不作响应的受访者给出的回答是随机的。由于排好序的尺度类型的每一个具体条目误差率都有一个具体的(确定性的)约束条件(方程 4.5),我们不需要估计最初 $k+1$ 个类别的条件概率参数,因而这部分分析也无需用到自由度;另一方面,我们对不可

尺度化类型（$k+2$ 类别）的 k 个条目误差率上没有施加任何限制。因此，这个类别需要 k 个自由度来估计 k 个观察到的测量的条件概率。另外还需要 $k+1$ 个自由度来估计每一个尺度类型占总体的比重，所以估计这个模型总共需要 $2k+1$ 个参数。表 4.6 展示了这个模型的 L^2。由于 L^2（20.55，$6df$）显著，我们必须拒绝这个古德曼本质不可度量模型。从而数据不支持假设——$1-\pi_0$ 比例的总体遵循严格的哥特曼排序，而 π_0 的总体不可尺度化。

　　与普罗科特模型类似，古德曼尺度模型也可以通过假设 $k+1$ 个可尺度化类型具有同一个响应误差率来进行估计。在这样一个普罗科特—古德曼模型中，方程 4.1 的限制条件被施加于可尺度化类型，而没有被施加于不可尺度化类型。这个模型只需比本质不可尺度化模型多一个自由度来估计唯一的响应误差率。如我们从表 4.6 的数据中看到的，这个普罗科特—古德曼模型的 L^2（20.63，$5df$）太大以至于不能被接受，并且实际上，该数据拟合相比之前尺度类型被确定性地限制的古德曼模型还稍差一些。

　　我们考虑的第三个古德曼尺度模型例子——两形体尺度模型——释放了整个总体都可以被为一个尺度条目排序描述的假设。例如，我们假设总体可以被描述为四个竞选活动尺度条目（V，I，A，W）的排序在本质上可以被尺度化。然而另一部分总体可能依照另一种排序在本质上被尺度化。为了具体说明，我们假设总体中有两个可能的排序（如两个具有不同排序的亚群体）：模式 A 的排序是（V，I，A，W），而模式 B 的排序是（I，V，A，W）。尺度类型中的四个条目在两个模式的排序中是完全一样的：（1，1，1，1），（1，1，1，2），

$(1，1，2，2)$ 和 $(2，2，2，2)$。然而两形体模型还要求我们接受本质上可尺度化的类型 $(2，1，2，2)$ 和 $(1，2，2，2)$，最终允许总格为六的尺度类型。两形体尺度模型可以被看作潜结构模型的一个特例，并且通过不可尺度化类型不施加限制条件和对可尺度化类型施加以下明确指标限制条件来加以估计：

$$
\begin{aligned}
1.0 &= \pi_{11}^{\bar{V}X} = \pi_{11}^{\bar{I}X} = \pi_{11}^{\bar{A}X} = \pi_{11}^{\bar{W}X} \\
&= \pi_{12}^{\bar{V}X} = \pi_{12}^{\bar{I}X} = \pi_{12}^{\bar{A}X} = \pi_{22}^{\bar{W}X} \\
&= \pi_{13}^{\bar{V}X} = \pi_{13}^{\bar{I}X} = \pi_{23}^{\bar{A}X} = \pi_{23}^{\bar{W}X} \\
&= \pi_{14}^{\bar{V}X} = \pi_{24}^{\bar{I}X} = \pi_{24}^{\bar{A}X} = \pi_{24}^{\bar{W}X} \\
&= \pi_{25}^{\bar{V}X} = \pi_{25}^{\bar{I}X} = \pi_{25}^{\bar{A}X} = \pi_{25}^{\bar{W}X} \\
&= \pi_{26}^{\bar{V}X} = \pi_{26}^{\bar{I}X} = \pi_{26}^{\bar{A}X} = \pi_{26}^{\bar{W}X}
\end{aligned}
\tag{4.6}
$$

由表 4.6 可见，两形体模型的 L^2 为 7.02，包含 5 个自由度，意味着我们可以接受这个模型对 1980 年 NES 数据的拟合。因此这个具有两种尺度条目排序和一个本质上不可尺度化类别的两形体模型为 1980 年 NES 选举后受访者的竞选活动提供了可接受的特征描述。

在估计两形体模型的时候，我们发现 $\hat{\pi}_2 = 0.00001$，意味着期望响应模式为 $(1，1，1，2)$ 的第二个尺度类型几乎没有可能在总体中可尺度化的部分发生。［克罗格（Clogg，1979）提出总体中可尺度化比例的相关估计为 $\hat{\pi}_2/(1-\hat{\pi}_0)$］。这说明工作（W）变量对于区分尺度类型 1$(1，1，1，1)$ 和尺度类型 3$(1，1，2，2)$ 没有用。克罗格和索耶（Clogg & Sawyer，1981）提出当可接受模型的一个尺度类型被估计为具有很低的发生可能性时，模型可以在去除这个类别后被重新估计，

改进的拟合度 L^2 可被用来检验是否相关尺度条目可以从这组尺度条目中删除。例如，由于我们的两形体模型提供了可接受的模型拟合，模型在排除尺度类型 2 以后被重新估计，结果可见表 4.6 的最后一个模型。如我们所见，去除尺度类型 2 带来了拟合度的可接受改进（0.25，$1df$）。这说明工作条目可以从竞选活动尺度中删除。然而结果分析会只包括 $2^3 = 8$ 个自由度，因此我们在这里总结分析。

　　如我们在这四个简要的例子中看到的，古德曼尺度模型提供了分析尺度的一系列替代模型。那些希望分析这些尺度条目的类型的人应该参考克罗格和索耶（Clogg & Sawyer，1981）的介绍来全面地欣赏潜类别模型在尺度分析上的灵活性。

第**5**章

比较组间的潜结构

在前面的几章中我们的讨论集中于对来自单一总体或组别的数据的潜类别模型的估计。这一章我们把对潜类别模型的思考扩展到允许多组间潜结构的比较，这一新发展被克罗格和古德曼（Clogg & Goodman，1984，1985）称为同时性的多组别潜结构分析。当两个或以上组别的成员具有相同的测量时，潜结构的同时性分析提供了一个强大的比较分析技术。尽管我们只会讨论两个组别的同时性分析，这章中展示的方法实际上可以很容易地扩展到三个或以上的组别，并且也可以用以对两个或以上组别的尺度图进行分析（Clogg & Goodman，1986）。此外，同时性潜结构分析可以被很容易地用于研究当"组"是不同时间从同一个总体中独立抽取的样本时潜结构的趋势（McCutcheon，1986）。

当两个或以上组别的潜结构进行比较的时候有各种可能的结构。极端情况下，各组的潜结构可能是完全异质性的，即一个组的潜类别可能在本质和数量上都与其他组不同。由于具有不同数量的潜类别的组别会有不同的潜结构，因此我们只能认识到这种可能性而不会考虑这种类型的结果。我们考虑的第一种类型的结果是克罗格和古德曼所称的异质性的、非限制性的 T 类模型，即不同组的潜结构被发现具有相同数量的类别,并且没有组内参数(例如,条件概率和潜类别概率)被限制。在这些情况下,我们通常感兴趣的是某一组被识别的 T 个潜类别在结构上是否与其他组被识别的 T 个潜类别类似。至于潜类别模型,我们想问是否在每一组中对应类别都有同样的条件概率。如果可以对其中一些条件概率施加组间等式约束,那么我们就可以断定各组的潜结构具有部分同质性(Clogg & Goodman,1984,1985),并且根据被限制的参数,我们将倾向于认为各组的潜结构互相类似。如果组间等式约束可以被施加于所有的参数,我们就可以断定各组的潜结构是同质性的,即每一个组都有相同的潜结构。简要地说,建模的顺序大概是:(1)决定每一个组的类别数量;(2)如果类别数量相等,则比较组间的类别结构(条件概率);(3)如果类别的结构是一样的,则检查各个潜类别上的总体分布的组间差异。

　　不同组间的同时性潜结构模型的估计要求对前面章节中展示的基本潜结构模型进行修改。在下一节我们会考察这些修改。在第三部分我们会展示一个对受访者类型的异质性的、非限制性的 T 类分析,比较白人和黑人受访者的潜结构。在最后一个部分里,我们会考虑施加了组间限制的同质性模型。

第1节 │ 同时性潜结构模型

在基本潜结构模型中,我们通过分析几个观测变量(如 A、B、C)来定义一个有 T 个潜类别的潜变量 X。现在考虑变量 A、B 和 C 在多于一组中被观测到的情况。我们用 G 来表示组变量,用 $s=1$, $\cdots$, S 指示。我们可以把观测变量的组合想象成 S 个不同的 $A \times B \times C$ 交互表,也就是说,第一组($s=1$)中的观测变量的交互表,第二组($s=2$)的交互表,依次类推。模型的概率是基于所有组的观察对象的总量计算的,所以 s 组的总体比例可以通过把 s 组的交互表中的所有概率相加得到:

$$\pi_s^G = \sum_{i,j,k} \pi_{ijks}^{ABCG} \tag{5.1}$$

其中,

$$\sum_s \pi_s^G = 1.0 \tag{5.2}$$

一个 s 组里的个体在交互表中位于 (i,j,k) 的条件概率为:

$$\pi_{ijks}^{\bar{A}\bar{B}\bar{C}G} = \pi_{ijks}^{ABCG} / \pi_s^G \tag{5.3}$$

这些条件概率反映了我们对 S 个组中的每一个组的组内概率的考虑。如果只有一个组($S=1$),方程 5.3 中的条件概率就等于 π_{ijk}^{ABC},因为这是(在这个唯一的组中的)一个个体位于

(i,j,k) 的概率。但当 $S \geqslant 2$ 时,必须关注 S 个组中每一个具体组别的概率以使得组间比较成为可能。因此,当 $S \geqslant 2$,并且 S 组中的每一个组都有一个 T 类的潜结构时,方程 2.10 可以被写为:

$$\pi_{ijks}^{\bar{A}\bar{B}\bar{C}G} = \sum_t \pi_{ijkst}^{\bar{A}\bar{B}\bar{C}G\bar{X}} \tag{5.4}$$

这说明对于一个 s 组的个体来说,位于 (i,j,k) 的概率等于 T 个位于观测和潜变量的 (i,j,k,t) 水平的潜类别的条件概率总和。

$$\pi_{ijkst}^{\bar{A}\bar{B}\bar{C}G\bar{X}} = \pi_{ist}^{\bar{A}GX} \times \pi_{jst}^{\bar{B}GX} \times \pi_{kst}^{\bar{C}GX} \times \pi_{st}^{G\bar{X}} \tag{5.5}$$

这个对方程 2.7 的修改说的是,对于 s 组的个体,在观测和潜变量上位于 (i,j,k,t) 水平的概率等于以下两部分之乘积:(1) s 组的 t 潜类别的每一个观察到的测量的条件概率;(2) s 组成员属于 t 潜类别的条件潜类别概率。这些概率分别针对于组变量 (G) 的每一个层级。

　　在每一组中,条件潜类别概率(即一个个体属于某一特定类别的概率)相加等于 1:

$$\sum_t \pi_{st}^{G\bar{X}} = 1.0 \tag{5.6}$$

并且,在每一组的每一个潜类别中,第一个观察到的测量的条件概率之和等于 1:

$$\sum_i \pi_{ist}^{\bar{A}GX} = \sum_j \pi_{jst}^{\bar{B}GX} = \sum_k \pi_{kst}^{\bar{C}GX} \tag{5.7}$$

方程 5.6 的约束条件说明对 S 个组必须估计 $T-1$ 个潜类别,并且对 T 类和 S 组,必须要估计 $(I-1)+(J-1)+(K-1)$ 个条件概率。因此非限制性异质性 T 类模型所要

估计的参数的数量是:

$$S(T-1)+[ST(I-1)+ST(J-1)+ST(K-1)]$$
$$=S[(I+J+K-2)T-1] \tag{5.8}$$

　　在同时性潜结构分析和前面章节展示的潜结构分析模型中有几点重要的区别:在潜结构分析中,我们试图估计个体属于潜类别 t 的概率,请注意,我们必须估计 $T-1$ 个潜类别概率。在同时性潜结构分析中,我们试图估计在 s 组中的个体属于潜类别 t 的概率。如方程 5.4 至方程 5.6 所示,我们现在必须估计 $S(T-1)$ 个潜类别概率,因为在不同的组中,受访者可能在 T 个潜类别上具有不同的分布。例如,在早先对受访者类型的分析中,我们试图估计被划分为怀疑论者的白人受访者的比例。然而在一个对白人和黑人受访者类型的同时性潜结构分析中,因为这两组(总体)的成员可能有不同的可能性对调查持怀疑态度,我们必须试图估计被划分为怀疑论者的白人受访者的比例以及黑人受访者的比例。

　　第二,在某种意义上,更重要的一点是同时性潜结构分析和之前展示的潜结构分析之间的不同与对条件概率的估计有关。在潜结构分析中,我们估计在潜类别 t 中的个体在测量 A 上位于 i 水平的概率 (π_{it}^{AX})、在测量 B 上位于 j 水平的概率 $(\pi_{jt}^{\bar{B}X})$,以此类推。除了最后一个,我们必须对每一个潜类别、每一个测量的所有层级的条件概率分别进行估计。例如,对于变量 A,我们必须估计 $(I-1)T$ 个不同条件概率。这些条件概率接着用来帮我们描述这个潜变量的每一个类别的特征。在同时性潜结构分析中,我们需要估计在 s 组潜类别为 t 的个体在测量 A 上位于 i 水平的概率 $(\pi_{ist}^{\bar{A}GX})$、在

测量 B 上位于 j 水平的概率（$\pi_{jst}^{\bar{B}GX}$），以此类推。对于变量 A，我们必须估计 $(I-1)ST$ 个不同的条件概率，因为在 t 类别中的个体在测量 A 上位于 i 水平的概率可能对于不同的组别是不一样的。此外，各组的条件概率不同可能意味着不同组间存在着本质上完全不同的潜结构。例如，如果我们发现第三个潜类别的白人受访者更可能回答调查是浪费时间金钱，而第三个潜类别的黑人受访者更不可能这样回答，我们不会下结论说白人和黑人受访者的第三个潜类别是完全一样的。

即使我们展示的模型目前只指示了 T 个潜类别，同时性潜结构模型也要求对观察到的测量的每一个层级的 $S \times T$ 个潜类别和 $S \times T$ 个条件概率进行估计。例如，当受访者类型包含三个潜类别的时候，我们必须估计六个潜类别：三个白人受访者和三个黑人受访者。其一般形式是，当我们估计 S 个组的 T 类同时性潜结构时，第一组 T 个潜类别（1，2，…，T）指第一组（$s=1$），接下来的一组 T 个潜类别（$T+1$，$T+2$，…，$2T$）指第二组（$s=2$），以此类推，那么最后一组 T 个潜类别 $[(S-1)T+1, (S-1)T+2, …, ST]$ 指第 S 组。因此，同时性潜结构模型总潜变量 X 具有双下标：一个类别下标（t）和一个组下标（s）。

克罗格和古德曼（Clogg & Goodman，1984，1985）提出了一个同时性潜结构模型的替代性公式以简化原表示法。他们定义了一个变量 $Y=G \times X$，也就是组变量和潜变量的交互表。变量 Y 有 U 个层级，其中 $U=ST$。由于潜变量 X 嵌套于 Y 中，变量 Y 也是一个潜变量。在 Y 的水平 u 和 $G \times X$ 的水平（s，t）之间存在一个对应关系：

$$u = [1, 2, \cdots, T, T+1, \cdots, U]$$
$$(s, t) = [(1, 1), (1, 2), \cdots, (1, T), (2, 1), \cdots, (S, T)]$$

$$(5.9)$$

这一对应意味着：

$$Y_1 = G_1 X_1 ; \ Y_2 = G_1 X_2 ; \ \cdots ; \ Y_T = G_1 X_T ; \ Y_{T+1} = G_2 X_1 ;$$
$$Y_{T+2} = G_2 X_2 ; \ \cdots ; \ Y_U = G_S X_T$$

u 的值可以很容易地通过 $u = (s-1)T + t$ 确定。

在这里定义一个潜变量 Y 的优势在于现在同时性潜结构模型可以用类似于一般潜类别模型的形式表示：

$$\pi_{ijks}^{ABCG} = \sum_u \pi_{ijksu}^{ABCGY} \tag{5.10}$$

与方程 2.10 类似，$A \times B \times C \times G$ 交互表的联合概率分布在 U 个潜类别上。而且，类似于方程 2.7，概率 π_{ijksu}^{ABCGY} 等于潜类别和条件概率的乘积：

$$\pi_{ijksu}^{ABCGY} = \pi_u^Y \times \pi_{iu}^{\bar{A}Y} \times \pi_{ju}^{\bar{B}Y} \times \pi_{ku}^{\bar{C}Y} \times \pi_{su}^{\bar{G}Y} \tag{5.11}$$

通过对 π_{su}^{GY} 施加确定性的限制条件，这个模型可以估计同时性潜结构。这些限制条件的性质是：

$$\pi_{su}^{\bar{G}Y} = 1.0, \ u = (s-1)T + t \quad (t = 1, \cdots, T)$$
$$\pi_{su}^{\bar{G}Y} = 0.0, \ u \neq (s-1)T + t \quad (t = 1, \cdots, T)$$

$$(5.12)$$

也就是说，我们对模型的条件概率施加限制条件以使得第一组 T 个潜类别（$u = 1, \cdots, T$）的个体有 1 的概率属于第一组（$s = 1$）和 0 的概率属于其他组；第二组 T 个潜类别（$u = T+1, \cdots, 2T$）的个体有 1 的概率属于第二组（$s = 2$）和 0 的概率属于其他组，依次类推，最后一组 T 个潜类别（$u =$

$[S-1]T+1, \cdots, U)$ 的个体有 1 的概率属于第 S 组和 0 的概率属于其他组。这些限制通过允许估计 $U=ST$ 个潜类别使得同时性估计几个组的潜结构成为可能，而且它们反映了在潜变量 Y 中 T 是嵌套于 G 中的。

克罗格和古德曼（Clogg & Goodman，1984，1985）也提到：

$$\pi_{iu}^{\bar{A}Y} = \pi_{ist}^{\bar{A}GX} \tag{5.13}$$

$$\pi_{ju}^{\bar{B}Y} = \pi_{jst}^{\bar{B}GX} \tag{5.14}$$

$$\pi_{ku}^{\bar{C}Y} = \pi_{kst}^{\bar{C}GX} \tag{5.15}$$

$$\pi_{u}^{Y} = \pi_{st}^{G\bar{X}} \pi_{s}^{G} \tag{5.16}$$

这些方程说明在确定性的限制性模型中观察到的测量（A，B，C）的条件概率与前面展示的那些是一模一样的。把方程 5.17 重新调整顺序，那么 S 组的每一组定义条件潜类别概率为：

$$\pi_{st}^{G\bar{X}} = \pi_{u}^{Y} / \pi_{s}^{G} \tag{5.17}$$

其中，

$$\sum_{u=(s-1)T+1}^{sT} \pi_{u}^{Y} = \pi_{s}^{G} \tag{5.18}$$

接下来，我们将会看到当每一个潜类别的观察到的测量的条件概率在不同组中一样或者类似时，条件潜类别概率可以被用来在每一个潜类型中成员比例的基础上比较不同的组。

第 2 节 | 异质性 *T* 类模型

在这一部分我们回到对受访者类型的分析，但这次集中关注对黑人和白人受访者的同时性潜结构分析（例，$S = 2$）。例子中的数据来自 1982 年综合社会调查对黑人的抽样样本，是一个包含 510 个美国黑人的全国性概率样本（Davis & Smith，1985）。具体问题的提法和白人受访者的数据交互表在第 3 章中已经报告了（表 3.1）。表 5.1 展示了黑人受访者的交互表，与白人受访者一样，如果黑人受访者在四个测量上都缺失则被排除在分析之外，最终得到 447 个有效的黑人样本。

表 5.1　黑人受访者的观测变量交互表：1982 年 GSS

			合作性		
			感兴趣的	合作的	不耐烦，有敌意
目标性	准确性	理解力			
好	大多数可信	好	117	14	3
		一般，差	34	19	5
	不可信	好	95	10	3
		一般，差	23	14	2
看情况	大多数可信	好	7	1	0
		一般，差	3	1	0
	不可信	好	19	1	2
		一般，差	2	1	1
浪费时间	大多数可信	好	6	0	0
		一般，差	3	1	0
	不可信	好	30	9	1
		一般，差	9	7	4

我们先估计非限制性、异质性的三类模型，即我们估计三个白人受访者潜类别和三个黑人受访者潜类别，总共六个潜类别（$U=S\times T=2\times 3$）。与第 3 章一致，我们把四个观测变量定成 P、A、U、C，分别用 i、j、k、l 表示。该模型需要估计 $S[(I+J+K+L-3)T-1]=40$ 个非冗余参数。表 5.2 展示了黑人和白人受访者类型的非限制性、异质性三类模型的估计参数。

黑人和白人受访者类型的模型 L^2 说明该非限制性、异质性三类模型对观测数据提供了适当的拟合。我们应该注意当参数被估计为 0 时，通常的做法是在检验中更正"它们的"自由度，因此我们在模型 L^2 检验中使用的自由度为 34。

表 5.2 中白人受访者的参数和表 3.3 中展示的参数的比较显示条件概率和（条件）潜类别概率几乎完全一样。这是因为对非限制性、同质性 T 类模型的估计等价于对 s 组的每一个组别的潜结构模型分别估计，从而突出了方程 2.7 和方程 5.5 的等价性，即第一个是估计一个组的潜结构，第二个是同时估计几个组的潜结构。对于白人受访者，只有表 3.3 和表 5.2 之间的潜类别概率不同，其原因在于同时性潜结构分析中的潜类别概率是在所有组的基础上计算的（方程 5.2）。

在表 5.2 的下半部分同时展示了潜类别概率和条件潜类别概率。当各组的大小不一样（$\pi_1^G \neq \pi_2^G \neq \cdots \neq \pi_S^G$）时，就个体在每个 T 类别的相对分布的组间比较而言，条件潜类别概率（π_{st}^{GX}）比潜类别概率（π_u^Y）更有用。如方程 5.18 所示，条件潜类别概率可以通过每一个潜类别概率除以对应组的总体比例（π_s^G）来计算得到。我们可以通过对从 $(s-1)T+1$ 到 sT 个潜类别概率加总来计算属于每一个组别的概率（π_1^G 和

π_2^G)。对于白人($s=1$),我们加总([$s-1$]$T+1=$[$1-1$]3$+1=$)1到($sT=1\times3=$)3潜类别概率;对于黑人($s=2$),我们加总([$s-1$]$T+1=$[$2-1$]3$+1=$)4到($sT=2\times3=$)6潜类别概率。所以白人占总体的比重(π_1^G)是($0.4525+0.1508+0.1256=$)0.7289,黑人占总体的比重是(π_2^G)是($0.1226+0.1052+0.0432=$)0.2710。在舍入误差范围以内,这些比例之和为1。白人受访者类别的每一个条件潜类别概率都是通过用潜类别概率除以0.7289计算得到,而黑人受访者类别的每一个条件潜类别概率都是通过用潜类别概率除以0.2710计算得到。

表 5.2 非限制性、异质性三类模型的估计参数
（白人和黑人受访者类型：1982 年 GSS）

显 变 量		受访者类型					
		白 人			黑 人		
		（Ⅰ）	（Ⅱ）	（Ⅲ）	（Ⅰ）	（Ⅱ）	（Ⅲ）
P	好	0.888	0.912	0.143	0.865	0.905	0.100
	看情况	0.053	0.072	0.225	0.085	0.047	0.178
	浪费时间	0.059	0.017	0.633	0.050	0.048	0.722
A	大多数可信	0.613	0.648	0.031	0.524	0.622	0.000 *
	不可信	0.387	0.352	0.969	0.476	0.378	1.000
C	感兴趣的	0.943	0.690	0.641	0.991	0.590	0.634
	合作的	0.057	0.255	0.256	0.004	0.341	0.252
	不耐烦,有敌意	0.000 *	0.055	0.103	0.005	0.069	0.114
U	好	1.000	0.313	0.753	0.993	0.397	0.678
	一般,差	0.000 *	0.687	0.247	0.007	0.603	0.322
潜类别概率		0.4525	0.1508	0.1256	0.1226	0.1052	0.0432
条件潜类别概率		0.6208	0.2069	0.1723	0.4524	0.3882	0.1594

注：* 被最大似然步骤估计为 0.000。

表 5.2 中的条件潜类别概率说明白人比黑人更可能属于

潜类别Ⅰ和类别Ⅲ,而黑人比白人更可能属于类别Ⅱ。然而大概浏览两组每个类别的条件概率可以发现,有关这些条件潜类别概率的解释会非常模棱两可。尽管两组中每个类别的条件概率看上去很类似,从异质性 T 类模型中,我们不能确信一个组是否与另一个组一模一样。因此,我们可能希望通过对条件概率施加跨组等式约束来检验一个组的类别与观察到的测量关系是否与另一个组的类别一样。克罗格和古德曼(Clogg & Goodman,1984,1985)将该具有跨组等式约束的同时性潜结构模型称为同质性模型。

第 3 节 ｜ 同质性模型

　　克罗格和古德曼(Clogg & Goodman，1984，1985)在同时性潜结构分析中区分了部分和完全同质性模型。当对某一些条件概率和条件潜类别概率施加跨组等式约束时,潜结构是部分同质性的。当所有组的潜类别完全一样,即当对所有条件概率和条件潜类别概率施加跨组等式约束时,潜结构是完全同质性的。

　　对条件概率的跨组等式约束往往是一系列检验中要考察的第一类限制条件。这些约束允许我们通过考察在所有组别中的相应类别上对每一个问题肯定(或否定)回答的概率是否都相似来检验关于各组潜结构的相似性假设。通常在检验各组的每一个类别占总体的比重是否类似之前,我们就希望知道各组的类别在结构上是不是类似,因此一般最后考虑对条件潜类别概率的跨组等式约束。条件概率的跨组等式约束通常取以下形式:

$$\pi_{i1t}^{\bar{A}GX} = \pi_{i2t}^{\bar{A}GX} = \cdots = \pi_{iSt}^{\bar{A}GX} \qquad (5.19)$$

注意,不需要同时对所有的组施加等式约束,最少可以对两个组施加等式约束。

　　完全同质性潜结构模型可以被逐步估计。首先从异质

性 T 类模型开始,然后通过每次限制一些新的参数来检验部
分同质性模型。用这个具有限制条件的部分同质性模型的
L^2 减去缺少新加入限制条件的模型的 L^2,可以得到在拟合
度 L^2 上的改进,而自由度是相应模型自由度之差。需要注
意的是,当一次性施加几个限制条件时,对拟合度 L^2 中几个
自由度的改进可能会给出一个拟合度看起来可接受而限制
条件实际上不能被接受的模型。因此,当存在几个自由度的
拟合度 L^2 的改进看起来可接受,而 L^2 的值超过了在一个自
由度上的统计显著性先验标准(如, $p < 0.05$)时,模型应该
在去除一些限制条件后再重新估计,以保证所有的限制条件
都可以被独立接受。表 5.3 展示了对黑人和白人受访者类型
的同时性潜结构分析的逐步拟合过程的结果。

表 5.3　白人和黑人的同步潜类别模型的 L^2 与决策

模　　　型	L^2	χ^2	自由度
非限定异质型 T 类模型	39.69	39.24	33
部分同质模型			
H_1	39.95	40.19	36
H_2	40.18	40.45	41
H_3	42.84	43.33	45
H_4	44.00	44.05	47
H_5	45.93	45.96	48
H_6	47.42	46.66	49
H_7	47.43	46.57	50
H_8	49.82	49.01	51
H_9	51.73	50.62	54
H_{10}	53.10	53.23	56
限定完全同质型模型	97.99	99.77	58

如表 5.3 的信息所示,我们已经对非限制性、异质性三类
模型中被估计为 0 的三个参数(表 5.2)更正了三个自由度。

我们施加的第一组跨组等式约束(H_1)是对在异质性模型中被估计为 0 的三个参数：

$$\pi_{113}^{\bar{A}GX} = \pi_{123}^{\bar{A}GX} = \pi_{311}^{\bar{C}GX} = \pi_{321}^{\bar{C}GX} = \pi_{211}^{\bar{U}GX} = \pi_{221}^{\bar{U}GX} = 0$$

拟合度 L^2 的改进（39.95－39.69＝0.26，$3df$）表明这些限制条件提供了一个可接受的拟合。接着（H_2），我们又施加了五个跨组等式约束：

$$\pi_{111}^{\bar{P}GX} = \pi_{121}^{\bar{P}GX}, \ \pi_{112}^{\bar{P}GX} = \pi_{122}^{\bar{P}GX}, \ \pi_{113}^{\bar{P}GX} = \pi_{123}^{\bar{P}GX},$$

$$\pi_{113}^{\bar{C}GX} = \pi_{123}^{\bar{C}GX}, \ \pi_{213}^{\bar{C}GX} = \pi_{223}^{\bar{C}GX}$$

这些条件概率之所以被选择来进行等式约束是因为在 H_1 下所得估计在各组间都非常相似。5 个自由度的拟合度 L^2 的改进（$H_2 \mid H_1$）＝0.23 表明这五个新加入的限制条件是可被接受的。

当有新的跨组等式约束被施加予同时性潜结构时，这一过程被不断重复。我们对现有模型的条件概率估计进行检验。若条件概率估计在不同组间大小相似，则对其施加跨组等式约束。在 H_3 中，我们在 H_2 的基础上又加入四个跨组约束条件：

$$\pi_{112}^{\bar{A}GX} = \pi_{122}^{\bar{A}GX}, \ \pi_{211}^{\bar{P}GX} = \pi_{221}^{\bar{P}GX}, \ \pi_{212}^{\bar{P}GX} = \pi_{222}^{\bar{P}GX}, \ \pi_{321}^{\bar{C}GX} = \pi_{322}^{\bar{C}GX}$$

跟之前一样，新加入的这些跨组等式约束带来了一个可接受的拟合度的改进，模型变化四个自由度，所对应 $L^2(H_3 \mid H_2)$＝2.66。

每新加入一个跨组等式约束条件都表明了 $H_4 － H_8$ 可接受的拟合度改进。对 H_8 检验说明在三个潜类别中所有的条件概率对于两个组别都是一样的，也就是说，白人组别的第一个潜类别在结构上与黑人组别的第一个潜类别一样，白人组别的第二个类别与黑人组别的第二个类别一样，而第三个类别在两个组中也一样。在 H_9 中施加的这组限制条件检验了研究对象对调查的评估，即准确性和目标性在类别 Ⅰ（理想型）受访者中与在类别 Ⅱ（信奉者）受访者中是一样的假设。前面的跨组等式约束意味着这些跨类约束也可以被转化为跨组约束：

$$\pi_{111}^{\bar{A}GX} = \pi_{112}^{\bar{A}GX} = \pi_{121}^{\bar{A}GX} = \pi_{122}^{\bar{A}GX}$$

$$\pi_{111}^{\bar{P}GX} = \pi_{112}^{\bar{P}GX} = \pi_{121}^{\bar{P}GX} = \pi_{122}^{\bar{P}GX}$$

$$\pi_{211}^{\bar{P}GX} = \pi_{212}^{\bar{P}GX} = \pi_{221}^{\bar{P}GX} = \pi_{222}^{\bar{P}GX}$$

　　克罗格和古德曼（Clogg & Goodman，1984，1985）将具有跨类等式约束的模型定义为限制性的，意味着 H_9 代表了一个限制性、部分同质性模型。有三个自由度的变化所对应的 $L^2(H_{10} \mid H_9) = 1.91$ 说明了这是一个可接受的拟合。

　　在 H_{10} 中我们对类别 Ⅲ 的条件潜类别概率施加跨组等式约束。这个限制条件检验了在白人和黑人组别中类别 Ⅲ 受访者的相对频率是否有显著不同。

$$\pi_{13}^{G\bar{X}} = \pi_{23}^{G\bar{X}}$$

　　两个自由度的变化所对应的拟合度的改进 $L^2(H_{10} \mid H_9) = 1.37$ 说明，白人和黑人组别中类别 Ⅱ 受访者的相对频率没有显著不同。

　　最后，我们检验了白人和黑人组别的受访者类型是否有显著不同，即完全同质性模型。假设我们已经对除了类别 Ⅰ 和类别 Ⅱ 的条件潜类别概率（H_{10}）之外的所有参数施加了跨组限制条件，而且这些参数中只有一个是非冗余的（方程 5.6)，这一个自由度的变化可以有效地检验白人和黑人在类别Ⅰ和类别Ⅱ上是否具有不同分布的假设。L^2（44.89，$2df$）的大幅上升说明限制白人和黑人受访者在类别Ⅰ和类别Ⅱ上相同，造成模型显著地偏离了实际数据。因此，我们必须拒绝这个完全同质性同时性潜结构模型。每一个类别的特征请见表 5.4 中的数据。

表 5.4　对限制性、部分同质性模型的参数估计
（白人和黑人受访者类型：1982 年 GSS）

显 变 量		白 人			黑 人	
		（Ⅰ）	（Ⅱ）	（Ⅲ）	（Ⅰ）	（Ⅱ）	（Ⅲ）
P	好	0.890†	0.890†	0.172	0.890†	0.890†	0.172
	看情况	0.059†	0.059†	0.213	0.059†	0.059†	0.213
	浪费时间	0.051	0.051	0.615	0.051	0.051	0.615
A	大多数可信	0.618†	0.618†	0.000*	0.618†	0.618†	0.000*
	不可信	0.382	0.382	1.000	0.382	0.382	1.000
C	感兴趣的	0.949	0.648	0.662	0.949	0.648	0.662
	合作的	0.051	0.288	0.237	0.051	0.288	0.237
	不耐烦,有敌意	0.000*	0.064	0.100	0.000*	0.064	0.100
U	好	1.000	0.331	0.752	1.000	0.331	0.752
	一般,差	0.000*	0.669	0.248	0.000*	0.669	0.248
	潜类别概率	0.4424	0.1550	0.1315‡	0.1250	0.0972	0.0489‡
	条件潜类别概率	0.6069	0.2127	0.1804‡	0.4610	0.3585	0.1804‡

注：* 限制为 0.000；† 跨类等式约束；‡ 对潜类别概率的跨组等式约束。

由于种族（$\pi_{su}^{\bar{G}Y}$ 的条件概率）被确定性地限制为 1 和 0，其中属于白人组别的概率对白人来说为 1，对黑人来说为 0；而属于黑人组别的概率对白人来说为 0，对黑人来说为 1，因而这些条件概率没有展示出来。与第 3 章中报告的结果类似，剩下的条件概率说明了这三个类别可以被特征化为理想型

受访者(类别Ⅰ)、信奉者(类别Ⅱ)和怀疑论者(类别Ⅲ)。

在理想型受访者和信奉者之中,9/10(0.890)的人倾向于回答调查具有一个好的目标,而少于1/6(0.172)的怀疑论者报告了类似的对调查的评估。实际上,多于3/5(0.615)的怀疑论者报告认为调查是浪费时间和金钱。另外,这些怀疑论者一直倾向于报告调查偶尔或几乎不可信,而多于3/5(0.618)的理想型受访者和信奉者可能报告调查总是或大多数时候可信。如我们在第3章中发现的,理想型受访者有很大可能性被访问员评估为友好和感兴趣的(分别是0.648和0.662),而有1/10(0.100)的怀疑论者被访问员评估为不耐烦、焦躁或有敌意的。最后,3/4(0.752)的怀疑论者可能被评估为对调查问题具有很好的理解力,而对于信奉者,只有1/3(0.331)的可能获得这样的评估。

通过对所有观测变量的条件概率施加跨组等式约束,我们发现了白人和黑人之间的潜结构等价性,即不论白人黑人,我们都可以将其分为同样的三类:理想型受访者、信奉者和怀疑论者。此外,对类别Ⅲ的潜类别概率的跨组等式约束的可接受性证明白人和黑人具有同样的比例是怀疑论者。潜类别概率限制,比如说对怀疑论者的跨组等式约束,实际上是施加在条件潜类别概率(π_{st}^{GX})之上。因此,正如我们在白人和黑人之间的怀疑论者的条件潜类别概率中看到的一样(两个都等于0.1804),当各组的大小一样时($\pi_1^G \neq \pi_2^G \neq \cdots \neq \pi_S^G$),潜类别概率的等价性在条件潜类别概率中最明显。

对理想型受访者和信奉者的潜类别概率的跨组等式约束的可接受性说明白人和黑人在这些类别中具有显著不同

的分布。具体来说,黑人比白人更可能被划分为信奉者(分
别是 0.3585 和 0.2127),而白人比黑人更可能被划分为理想
型受访者(分别是 0.6069 和 0.4610)。这个发现提出了一个
关于不同总体调查结果效度的重要方法论问题。这些不同
可能只是反映了在教育获得上的种族区别,因为受过更好教
育的人理解问题的能力更强。然而更重要的是,这些结果可
能预示着调查效度对黑人可能比白人更低,或者是因为测量
工具本身存在文化偏差(从而更难被黑人理解),或者是因为
调查访问员对黑人和白人受访者的评估不一样。

第 4 节 ｜ 同时性潜结构分析的特殊应用

尽管有关同时性潜结构分析各种用途的全面介绍超出了本书的范围,但我们还是简要地提及该方法的另外两种应用。这两种用法最近由克罗格和古德曼提出,我们可以通过在各组异质性 T 类模型($T = k + 1$)中施加跨组限制(第 4 章)和对条件概率(误差率)施加跨组等式约束来比较两个或以上总体的一组条目的可扩展性(Clogg & Goodman,1986)。同样,跨组等式约束也可以施加到潜类别概率上以比较尺度分数上的各组分布。

克罗格和古德曼(Clogg & Goodman,1984)建议同时性潜结构分析可用以分析准独立模型,例如那些展示在"周转表"中的。相关例子为个人对同样的问题在两个不同时间的回答,如变量 A(用 $i = 1$,…,I 表示)是在时间 1 上的回答,变量 B(用 $j = 1$,…,J 表示)是在时间 2 上的回答。变量 $A \times B$ 的交互表为正方形的表格($I = J$),其中给出一致回答的个体位于主对角线上($i = j$)。

当两个或以上总体中存在 $A \times B$ 表格时,克罗格和古德曼建议估计 $I + 1$ 个潜类别(如,$T = I + 1$)。其中每一个组别的前 $T - 1$ 个类别被限制为只包括那些有一致回答的个体($i = j$):

$$\pi_{1s1}^{\bar{A}GX} = \pi_{1s1}^{\bar{B}GX} = 1.0$$

$$\pi_{2s2}^{\bar{A}GX} = \pi_{2s2}^{\bar{B}GX} = 1.0 \tag{5.20}$$

$$\vdots \qquad \vdots$$

$$\pi_{(T-1)s(T-1)}^{\bar{A}GX} = \pi_{(T-1)s(T-1)}^{\bar{B}GX} = 1.0$$

对潜类别 T 没有施加限制条件。对前 $T-1$ 个潜类别给予限制后,这些潜类别的条件潜类别概率($\pi_{s1}^{G\bar{X}}$,$\cdots$,$\pi_{s(T-1)}^{G\bar{X}}$)就代表了每一个回答层级(1,$\cdots$,i)具有内在一致性的受访者比例,而类别 T 的条件潜类别概率($\pi_{sT}^{G\bar{X}}$)代表了各组具有内在一致性的受访者的比例。其他对周转表格的检验可以通过本章所讨论的各类跨组约束进行。

第 **6** 章

结　论

虽然潜类别分析被描述为用于定性数据的类因子分析（Green，1951，1952），有关潜类别模型的最新发展已经证明该模型比之前所认为的要灵活得多。正如我们所见，潜类别模型确实可以对单个群体的探索性（非限制性）和验证性（限制性）分析，以及对几个群体的潜结构的比较（同时性）分析起到类因子分析的作用。然而，潜类别模型并不像因子分析那样需要数据满足多元正态分布的假设。鉴于现实世界很少有（如很多研究者所希望看到的）多元正态性，潜类别分析很有可能在社会研究中扮演越来越突出的角色。

我们已经看到潜类别模型是一个高度灵活的尺度图分析方法。潜类别模型可以被用来广泛检验各类关于响应误差和条目可扩展性假设。把通过尺度图分析的响应误差限制条件和跨组限制条件结合起来，研究者可以对几个组别的条目进行同时性尺度图分析（Clogg & Goodman，1986）。

有关潜类别模型的运用远不及此。这些用途之中最有发展前景之一的就是用潜类别模型来分析"周转表"中的准独立模型。克罗格（Clogg，1981b）和马斯登（Marsden，1985）指出，潜类别模型是分析代际职业流动周转表的一个强大工具。该方法对于面板数据分析和代际分析来说特别有用（如政治和宗教社会化）。此外，克罗格和古德曼（Clogg & Goodman，1984）还指出，同时性潜类别模型可以被用以对这样的准独立模型进行跨组比较。

　　潜类别模型的另一个作用体现在对潜变量之间因果关系的分析中。尽管这个方法还没有被研究者充分挖掘，克罗格（Clogg，1981a）、马登和迪利恩（Madden & Dillion，1982）和贝尔根（Bergen，1983）展示了有关通过潜类别模型估计潜变量之间的路径系数以解释测量变量之间观测到的关系的应用。总而言之，潜类别模型为分析定性测量之间关系的因果结构提供了强大而灵活的方法。更重要的是，该模型不需要假设变量分布的正态性。

附　录

附录 A

　　本附录记录了运行 MLLSA 程序所需要的控制卡（control cards），它们来自 Clogg 的程序手册（1977）。很多使用这些控制卡的例子可以在附录 B 的程序中找到。MLLSA 的程序已经被斯科特·伊莱亚森（Scott Eliason）（MLLSAPC）采用，主要用于具有 384 千字节或更多活跃内存的 DOS 2.1（或更高）微型计算机。针对 MLLSA 大型机的 Fortran 来源码的副本和可执行 MLLSAPC 微型计算机的程序可以从这里购买：

Clifford C.Clogg

Department of Sociology

The Pennsylvania State University

University Park，Pennsylvania 16802

卡类型	列（格式）	描　述
1. 标题（必需）	1—80 ［20A4］	在 1—80 列里输入任何内容来识别运行
2. 问题卡（必需）	1—2 ［I2］	显示变量的数量
	3—4 ［I2］	潜变量的数量
	5—10 ［F6.0］	样本量——可以检查输入数据的正确性（可选项）

卡类型	列(格式)	描　述
	11—16 [I6]	允许的最大迭代次数,默认值是 500(可选项)
	17—24 [F8.7]	终止迭代的最大误差,默认值是 5.0×10^{-5}(可选项)
	25—26 [I2]	如果需要 L^2 和 X^2 的独立模型, 输入 1(可选项)
	27—28 [I2]	如果需要给回答者自动分组到潜 类别里,输入 1(可选项)
	29—30 [I2]	如果需要把参数估计打出来,输 入 1(在尝试阶段有用)(可选项)
	31—32 [I2]	如果需要输入变量标签,输入 1 (见下面的第 4 类卡片)(可选项)
	33—34 [I2]	如果需要输入变量值得标签,输入 1 (见下面的第 5 类卡片)(可选项)
	35—36 [I2]	如果模型对潜类别概率(π_t^X)有 限制,输入 1(见下面的第 10 类卡 片)(可选项)
	37—38 [I2]	如果模型对条件概率有限制(如 $\pi_{il}^{\bar{A}X}$),输入 1(见下面的第 11 类 卡片)(可选项)
	39—40 [I2]	如果需要迭代详情,输入 1(从第 一个迭代到最后一个)(可选项)
	41—42 [I2]	如果需要标准化残差结果,输入 1 (可选项)
	43—44 [I2]	如果起始值是之前问题的最终估 计,输入 1。在运行的第一个问题 里必须是空白。如果在第 43—44 列输入了 1,第 31—34 列必须是 空白,而且在第 5—10 列里必须 输入样本量(可选项)

卡类型	列(格式)	描　述
	45—46 [I2]	如果需要列排序和自由度,输入1;如果在第 39—40 列输入了 1,导数矩阵也会输出(可选项)
	47—48 [I2]	如果需要估计同步潜模型,输入组的数量。组变量必须是最后一个显示变量,数据也必须是分组的形式(可选项)
3. 每个变量的类别	1—80 [40I2]	输入第 1—2 列里第一个变量的类别数量,第 3—4 列里第二个变量的类别数量,以此类推
4. 变量标签 (可选项*)	1—80 [10(4x, A4)]	* 如果第 31—32 列里的第 2 类卡不是空白的,必须选择该项。输入字母或数字变量名:第 5—8 列里是第一个变量名;第 13—16 列里是第二个变量名,以此类推
5. 变量值标签 (可选项*)	1—80 [10(4x, A4)]	* 如果第 33—34 列里的第 2 类卡不是空白的,必须选择该项。如果使用了变量标签,变量值标签可用可不用。然而,如果变量标签没有使用,变量值标签可以不用。每个变量有一个卡:给第 4—8 列里的第一类输入标签;给第 13—16 列里的第二类输入标签,以此类推。如果选择了该项,每个变量的变量值标签必须支持
6. 数据类型卡 (必需)	1—80 [20A4]	数据类型,例如,"(8F5.0)"
7. 输入数据(必需)	格式必须与上面输入的第 6 类卡片一致	数据必须按照"Fortran"顺序输入,同时有下标和变化最快的第一个变量相对应,有下标和变化第二快的第二个变量相对应,以此类推。例如,对于一个有所有二分变量的四维表格,(i, j, k, l)分别对应$(ABCD)$,A 是第一个变量,按照$(1, 1, 1, 1)$, $(2, 1, 1, 1)$, $(1, 2, 1, 1)$, $(2, 2, 1, 1)$, $(1, 1, 2, 1)$, …,$(2, 2, 2, 2)$的顺序输入交叉频率

卡类型	列（格式）	描　述
8. 输入潜类别概率（π_i^X）的起始值（必需）	1—80 [10F8.7]	给第1—8列里的 $\hat{\pi}_1^X$ 输入起始值（靠左）；给第9—16列里的 $\hat{\pi}_2^X$ 输入值，以此类推。输入所有 T 的起始值，T 是潜类别的数量。如果需要，持续在增加的卡上输入起始值直到所有的 T 值都有输入
9. 输入条件概率的起始值（必需）	1—80 [10F8.7]	输入条件概率的起始值。在第一张卡上，输入 $\pi_{it}^{\overline{A}X}$，其中 A 类别变化最快。给定格式，使用足够的卡来包括所有针对 $\pi_{it}^{\overline{A}X}$ 的 $I \times T$ 的起始值。接着在第二个变量上开始一张新卡，以此类推。要包括所有条件概率的起始值

例子：对于一个有四个二分变量的三类别模型，使用（10F8.7）的格式输入以下起始值：

第一个卡：　$\hat{\pi}_{11}^{\overline{A}X}$　　$\hat{\pi}_{21}^{\overline{A}X}$　　$\hat{\pi}_{12}^{\overline{A}X}$　　$\hat{\pi}_{22}^{\overline{A}X}$　　$\hat{\pi}_{13}^{\overline{A}X}$　　$\hat{\pi}_{13}^{\overline{A}X}$

第二个卡：　$\hat{\pi}_{11}^{\overline{B}X}$　　$\hat{\pi}_{21}^{\overline{B}X}$　　$\hat{\pi}_{12}^{\overline{B}X}$　　$\hat{\pi}_{22}^{\overline{B}X}$　　$\hat{\pi}_{13}^{\overline{B}X}$　　$\hat{\pi}_{13}^{\overline{B}X}$

以此类推（总共四个卡）

注意：使用者必须保证这里的所有起始值满足加总所有显示变量的类别的条件，其中给定 t，值为1.0。

例子：在上一个例子当中，起始值可以是下面这样，其中各列对应相应的格式。

列：

1	9	17	25	33	41

第一个卡：

0.8	0.2	0.7	0.3	0.6	0.4

第二个卡：

0.7	0.3	0.4	0.6	0.5	0.5

以此类推（总共四个卡）

| 10. 潜类别概率（π_i^X）的限制（可选项*） | 1—80 [20I2] | * 只在第二类卡的第35—36列不是空白的时候使用。在自由参数的地方输入0（或者留空白），在固定参数的地方输入1（即，参数被设置为等于上面第8类卡的起始值）。在剩余的地方输入大于1的整数：任何两个（或多个）相等的整数会让这些参数相等。第一个地方（第1—2列）和 π_1^X 有关；第二个地方和 π_2^X 有关，以此类推 |

卡类型	列（格式）	描　述

例子：在一个五类别模型里，需要限定第一个潜类别的概率等于起始值，第二个值自由变化，其余三个值限定为相等，在第 10 类卡上输入下面的数字：

列：

2 4 6 8 0

1 0 2 2 2

11. 条件概率的限　1—80　　　* 只在第 2 类卡的第 37—38 列不
　　制（可选项＊）　［2014］　是空白的时候使用。在自由参数的地方输入 0（或留空白），在限定参数等于起始值的地方输入 1。在剩余的地方输入正整数（大于 1 的整数）：任何相等的整数会使对应的参数相等。一次输入一个显示变量的限定条件，在需要的时候使用多个卡。不同位置的这一条件概率卡和第 9 类卡的一样。在每一个潜类别里，至少要有一个参数对显示变量是自由的，因为每个显示变量里的一个条件概率参数对每个潜类别来说是多余的

例子：对有二分显示变量的二类模型，限定卡可以像下面一样：

列：

4　8　12　16

第一张卡：

0　0　1　0　　（即，$\hat{\pi}_{11}^{\bar{A}X}$ 和 $\hat{\pi}_{21}^{\bar{A}X}$ 是自由的，$\hat{\pi}_{12}^{\bar{A}X}$ 和 $\hat{\pi}_{22}^{\bar{A}X}$ 是固定的）

第二张卡：

2　2　　　　　（即，$\hat{\pi}_{11}^{\bar{B}X} = \hat{\pi}_{12}^{\bar{B}X}$ 和 $\hat{\pi}_{21}^{\bar{B}X} = \hat{\pi}_{22}^{\bar{B}X}$）

　　　　　　　有多少变量就要有多少限定条件

附录 B

下面列出的 MLLSA 程序产生了表 3.3 报告的结果。这些语句是进行该分析所需的最少的命令。只有一个可选选项（计算独立模型的 χ^2）是必须填的。附录 A 提供了每一个具体写法的详细介绍。

```
MODEL H2(3 CLASS, UNRESTRICTED) RESPONDENT TYPE, 1982 GSS WHITES
4   3    1202            1
2   3  3  2
(12F4.0)
419  270  23   43   26  85  35  25   4   9   3   23
  2    4   1    2    0   6  71  42   6   9   1   13
 25   16   2    3    2  12   5   5   0   2   0    8
.56      .22      .22
.59      .41      .66      .34      .03      .97
.86      .07      .07      .85      .11      .04      .16   .39   .45
.95      .03      .02      .67      .29      .04      .60   .28   .12
.97      .03      .37      .63      .66      .34
```

下面的命令展示了 MLLSA 程序的一些可选选项——为条件概率明确的确切指标和相等限定，以及为可观测测量明确的变量和变量值标签。这些命令提供的分析适用于表 3.5 提供的数据。

```
MODEL H3.2(3 CLASS, RESTRICTED) RESPONDENT TYPE, 1982 GSS WHITES
4   3    1202              1 1    1 1    1      1
2   3  3  2
      ACUR    PURP    COOP    UNDR
      TRUE    NOT
      GOOD    DPND    WAST
      INTR    COOP    IMPH
```

```
     GOOD    FRPR
(12F4.0)
419 270  23  43  26  85  35  25   4   9   3  23
  2   4   1   2   0   6  71  42   6   9   1  13
 25  16   2   3   2  12   5   5   0   2   0   8
.56       .22       .22
.62       .38       .62       .38       .00      1.0
.86       .07       .07       .86       .07       .07      .16      .39      .45
.95       .05       .00       .67       .29       .04      .60      .28      .12
1.0       .00       .37       .63       .66       .34
  2   0   2   0   1   0
  3   4   0   3   4   0   0   0
  0   0   1   0   0   0   0   0
  0   1   0   0   0   0
```

下面列出的 MLLSA 命令适用于第 4 章介绍的限定条件概率模型。附录 A 提供了每一个具体写法的详细介绍。

```
MODEL H1 PROCTOR MODEL FOR 4 CAMPAIGN ITEMS 1980 ANES
  2  0  2  0  2  0  2  0  0  2
  2  0  2  0  2  0  0  2  0  2
  2  0  2  0  0  2  0  2  0  2
  2  0  0  2  0  2  0  2  0  2
MODEL H2 ITEM-SPECIFIC ERROR RATE MODEL FOR 4 CAMPAIGN ITEMS 1980 NES
  4  0  4  0  4  0  4  0  0  4
  5  0  5  0  5  0  0  5  0  5
  6  0  6  0  0  6  0  6  0  6
  7  0  0  7  0  7  0  7  0  7
H3 EQUAL TRUE-TYPE-SPECIFIC ERROR RATES MODEL 4 CAMPAIGN ITEMS
1980 NES
  2  0  3  0  4  0  5  0  0  6
  2  0  3  0  4  0  0  5  0  6
  2  0  3  0  0  4  0  5  0  6
  2  0  0  3  0  4  0  5  0  6
H4 LAZARSFELD'S LATENT-DISTANCE MODEL 4 CAMPAIGN ITEMS 1980 NES
  2  0  2  0  2  0  2  0  0  2
  3  0  3  0  3  0  0  4  0  4
  5  0  5  0  0  6  0  6  0  6
  7  0  0  7  0  7  0  7  0  7
H5 GOODMAN'S UNSCALABLE MODEL FOR 4 CAMPAIGN ITEMS 1980 NES
  1  0  1  0  1  0  1  0  0  1  0  0
  1  0  1  0  1  0  0  1  0  1  0  0
  1  0  1  0  0  1  0  1  0  1  0  0
  1  0  0  1  0  1  0  1  0  1  0  0
H6 GOODMAN'S UNSCALABLE MODEL FOR 4 CAMPAIGN ITEMS 1980 NES:
BIFORM SCALE
  1  0  1  0  1  0  1  0  0  1  1  0  0  1  0  0
  1  0  1  0  1  0  0  1  0  1  1  0  1  0  0  0
  1  0  1  0  0  1  0  1  0  1  0  1  0  1  0  0
  1  0  0  1  0  1  0  1  0  1  1  0  0  1  0  0
```

H7 GOODMAN-PROCTOR UNSCALABLE MODEL 4 CAMPAIGN ITEMS 1980 NES

```
2   0   2   0   2   0   2   0   0   2   0   0
2   0   2   0   2   0   2   0   0   2   0   0
2   0   2   0   0   2   0   2   0   2   0   0
2   0   0   2   0   2   0   2   0   2   0   0
```

下面列出的 MLLSA 命令产生了第 5 章报告的结果。第一部分的命令产生了三类别非限定异质性模型的结果。

MODEL H1(3 CLASS, UNRESTRICTED) 1982 GSS BLK AND WHT REPONDENT TYPE

```
5   6   1649             1       1   1           1   2
2   3   3   2   2
```

	ACUR	PURP	COOP	UNDR	RACE
	TRUE	NOT			
	GOOD	DPND	WAST		
	INTR	COOP	IMPH		
	GOOD	FRPR			
	WHTS	BLKS			

(12F4.0)

```
419  270   23   43   26   85   35   25    4    9    3   23
  2    4    1    2    0    6   71   42    6    9    1   13
 25   16    2    3    2   12    5    5    0    2    0    8
117   95    7   19    6   30   14   10    1    1    0    9
  3    3    0    2    0    1   34   23    3    2    3    9
 19   14    1    1    1    7    5    2    0    1    0    4
 .45  .15  .13  .13  .10  .04
 .61  .39  .65  .35  .03  .97  .53  .47  .62  .38
 .03  .97
 .89  .05  .06  .91  .07  .02  .14  .23  .63  .87
 .08  .05  .90  .05  .05  .08  .08  .74
 .94  .05  .01  .69  .26  .05  .64  .26  .10  .97
 .02  .01  .58  .35  .07  .64  .25  .11
 .98  .02  .31  .69  .75  .25  .98  .02  .37  .63
 .68  .32
1.0   .0  1.0   .0  1.0   .0   .0  1.0   .0  1.0
 .0  1.0
```

下面的这些 MLLSA 命令产生了表 5.4 中针对黑人和白人的非限定部分同质型模型的结果。

H10 RESTRICTED HOMOGENEITY MODEL: 1982 GSS WHITE AND BLACK RE-SPONDENT TYPES

```
5   6   1649             1       1   1   1   1       1   2
2   3   3   2   2
```

	ACUR	PURP	COOP	UNDR	RACE
	TRUE	NOT			
	GOOD	DPND	WAST		
	INTR	COOP	IMPH		

```
    GOOD    FRPR
    WHTS    BLKS
(12F4.0)
419  270   23   43   26   85   35   25    4    9    3   23
  2    4    1    2    0    6   71   42    6    9    1   13
 25   16    2    3    2   12    5    5    0    2    0    8
117   95    7   19    6   30   14   10    1    1    0    9
  3    3    0    2    0    1   34   23    3    2    3    9
 19   14    1    1    1    7    5    2    0    1    0    4
.45  .15  .13  .13  .10  .04
.61  .39  .65  .35  .00  1.0  .53  .47  .62  .38
.0   1.0
.89  .05  .06  .91  .07  .02  .14  .23  .63  .87
.08  .05  .90  .05  .05  .08  .08  .74
.94  .06  .0   .69  .26  .05  .64  .26  .10  .97
.03  .0   .58  .35  .07  .64  .25  .11
1.0  .0   .31  .69  .75  .25  1.0  .0   .37  .63
.68  .32
1.0  .0   1.0  .0   1.0  .0   .0   1.0  .0   1.0
.0   1.0
0  0  2  0  0  2
   7   0   7   0   1   0   7   0   7   0   1   0
   2   8   0   2   8   0   4  11   0   2   8   0   2   8   0   4  11   0
  15   0   1  14   0  10   5   6   0  15   0   1  14   0  10   5   6   0
   1   0  16   0  12   0   1   0  16   0  12   0
   0   0   0   0   0   0   0   0   0   0   0   0   0
```

注释

[1] 读者应当注意到,这是估计皮尔森"拟合"卡方统计量的一般方法。虽然 χ^2 这个符号实际上代表一种分布,而不是一个统计量估计,我们仍会遵循这一惯例,用这个符号表示对拟合卡统计量的估计。

[2] GSS 是每年一次的全国代表性横截面调查。它的访问对象包括居住在美国本土的非机构性安排的住所的 18 岁或以上的讲英语的人(Davis & Smith,1985)。

[3] NES 是关于选举前后的横截面调查。该调查每两年一次,其访问对象包括居住在美国的非机构性安排的住所的 18 岁或以上的讲英语的人(Miller,1982)。

参考文献

Aitkin, M., Anderson, D., and Hinde, J. (1981) "Statistical modelling of data on teaching styles," *Journal of the Royal Statistical Society.* Ser.A, 144:419—461.

Aldrich, J. H. and Nelson, F. D. (1984) *Linear Probability, Logit, and Probit Models*. Sage University Papers: Quantitative Applications in the Social Science. Beverly Hills, CA: Sage.

Andson, T. W. (1954) "On estimation of parameters in latent structure analysis," *Psychometrika* 19:1—10.

Bergan, J.R. (1983) "Latent-class models in educational research." In W.E. Gordon (ed.) *Review of Research in Education*. Washington, D.C.: American Educational Research Association.

Clogg, C.C. (1977) "Unrestricted and restricted maximum likelihood latent structure analysis: A manual for users." Working Paper 1977—09. University Park, PA: Population Issues Research Office.

——(1979) "Some latent structure models for the analysis of Likert-type data," *Social Science Research* 8:287—301.

——(1981a) "New developments in latent structure analysis." In D. M. Jackson and E.F.Borgatta(eds.) *Factor Analysis and Measurement* (pp. 215—246). Beverly Hills, CA: Sage.

——(1981b) "Latent structure models of mobility," *American Journal of Sociology* 86:836—868.

——(1984) "Some statistical models for analyzing why surveys disagree." In C.F. Turner and E. Martin (eds.) *Surveying Subjective Phenomena: Volume 2*. New York: Sage.

Clogg, C.C. and Goodman, L.A. (1984) "Latent structure analysis of a set of multidimensional contingency tables," *Journal of the American Statistical Association* 79:762—771.

——(1985) "Simultaneous latennt structure analysis in several groups." In N.B.Tuma(ed.) *Sociological Methodology*. San Fransisco: Josey-Bass.

——(1986) "On scaling models applied to data from several groups," *Pshchometrika* 51:123—135.

Clogg, C.C. and Sawyer, D.O. (1981) "A comparison of alternative models for analyzing the scalability of response patterns." In S. Lernhardt(ed.)

Sociological Methodology. San Fransisco: Josey-Bass.

Davis, J.A. and Smith, T.W. (1985). *General Social Surveys, 1972—1985*. (machinereadable data file). Chicago: National Opinion Research Center.

Dayton, C.M. and Macready, G.D.(1980) "A scaling model with response errors and intrinsically unscalable individuals," *Pshchometrika* 45: 343—356.

Dillon, W. R. and Goldstein, M. (1984) *Multivariate Analysis: Methods and Applications*. New York: Wiley.

Dempster, A.P., Laird, N.M. and Rubin. D.B.(1977) "Maximum likelihood from incomplete data via the EM algorithm (with discussion)," *Journal of the Royal Statistical Society*, series B 39: 1—38.

Goodman, L. A. (1972) "A general model for the analysis of surveys," *American Journal of Sociology* 77: 1035—1086.

——(1974a) "Exploratory latent structure analysis using both identifiable and unidentifiable models," *Biometrika* 61: 215—231.

——(1974b) "The analysis of systems of qualitative variables when some of the variables are unobservable. Part I-A: Modified latent structure approach," *American Journal of Sociology* 79: 1179—1259.

——(1975) "A new model for scaling response patterns: An application of the quasi-independence concept," *Journal of the American Statistical Association* 70: 755—768.

——(1979) "On the estimation of parameters in latent structure analysis," *Psychometrika* 44: 123—128.

Goodman, L. A. and Kruskal, W. H. (1954) "Measures of association for cross-classification," *Journal of the American Statistical Association* 49: 732—764.

Green, B.F.(1951) "A general solution for the latent class model of latent structure analysis," *Psychometrika* 16: 151—166.

——(1952) "Latent structure analysis and its relation to factor analysis," *Journal of the American Statistical Association* 47: 71—76.

Haberman, S.J.(1974) "Log-linear models for frequency tables derived by indirect observation: Maximum likelihood equations," *Annals of Statistics* 2: 911—924.

——(1979) *Analysis of Qualitative Data. Vol.2 : New Developments*. New York: Academic Press.

Henry, N.W.(1983) "Latent structure analysis." In S.Kotz and N.L.Johnson (eds.) *Encyclopedia of Statistical Sciences*(pp.497—504). New York: Wiley.

Joreskog, K.G. and Sorbom, D.(1979) *Advances in Factor Analysis and Structural Equation Models*. Cambrigde, MA: Abt Books.

Lazarsfeld, P.F.(1950a) "The logical and mathematical foundations of latent structure analysis." In S. A. Stouffer et al. (eds.) *Measurement and Prediciton*. Princeton, NJ: Princeton University Press.

——(1950b) " The interpretation and computation of some latent structures." In S.A.Stouffer et al.(eds) *Measurement and Prediciton*. Princeton, NJ: Princeton University Press.

Lazarsfeld, P. F. and Henry, N. W. (1968) *Latent Structure Analysis*. Boston: Houghton Mifflin.

Maddala, G. S. (1983) *Limited-Dependent and qualitative Variables in Econometrics*. Cambrigde: Cambrigde University Press.

Madden, T.J. and Dillon, W.R. (1982) "Causal analysis and latent class models: An application to a communication hierarchy of effects model," *Journal of Marketing Research* 19:472—490.

Mandansky, A. (1968) "Latent structure." In D. L. Sills (ed.) *International Encyclopedia of the Social Sciences* (pp. 33—38). New York: Macmillan Free Press.

Marsden, P.(1985) "Latent structure models for relationally defined social classes," *American Journal of Sociology* 90:1002—1021.

Mccutcheon, A. L. (1985) " A latent class analysis of tolerance for nonconformity in the American public," *Public Opinion Quarterly* 49: 474—488.

——(1986) " Sexual morality, pro-life values, and attitudes toward abortion: A simultaneous latent structure analysis for 1978—1983." Paper presented at the Annual Meeting of the Eastern Sociological Society, New YorK, NY, April, 1986.

Mchugh, R.B.(1956) "Efficient estimation and local identification in latent class analysis," *Pshchometrika* 21:331—347.

Miller, W.E. (1982) *American National Election Study, 1980*. (machine readable data file). Ann Arbor, MI: Inter-university Consortium for Political and Social Research.

Mooijaart, A.(1982) "Latent structure analysis for categorical variables." In

K. G. Joreskog and H. Wold, *Systems Under Indirect Observation*. Amsterdam: North-Holland.

Proctor, C. H. (1970) "A probabilistic formulation and statistical analysis of Guttman scaling," *Pshchometrika* 35:73—78.

Rindskopf, D. and Rindskopf, W. (1986) "The value of latent class analysis in medical diagnosis,"*Statistics in Medicine* 5:21—27.

Rosenberg, M. (1968) *The Logic of Survey Analysis*. New York: Basic Books.

Srole, L. (1956) "Social integration and certain corollaries," *American Sociological Review* 21:709—716.

Stinchcombe, A. L. (1968) *Constructing Social Theories*. New York: Harcourt-Brace.

Stouffer, S. A. and TOBY, J. (1951) "Role conflict and personality," *American Journal of Sociology* 56:395—406.

Taylor, D. G. (1983) "Analyzing qualitative data." In P. H. ROSSI, J. D. WRIGHT, and A. B. ANDERSON (eds.) *Handbook of Survey Research*. Orlando: Academic.

Taylor, M. C. (1983) "The black-and-white model of attitude stability: A latent class examination of opinion and nonopinion in the American pubilc," *American Journal of Sociology* 89:373—401.

Torgerson, W. S. (1962) *Theory and Methods of Scaling*. New York: Wiley.

Tuch, S. A. (1981) "Analyzing recent trends in prejudice toward blacks: Insights from latent class models," *American Journal of Sociology* 87:130—142.

Young, M. A. (1983) "Evaluating diagnostic criteria: A talent class paradigm," *Journal of Psychiatric Research* 17:285—296.

Young, M. A., Tanner, M. A. and Meltzer, H. Y. (1982) "Operational definitions of schizophrenia: What do they identify?" *Journal of Nervous and Mental Disease* 170:443—447.

译名对照表

alienation	异化
anomie	失范
chance variation	随机变异
coefficient of scalability	扩展性系数
conditional probabilities	条件概率
confirmatory analyses	验证性研究
degree-of-freedom	自由度
exploratory analyses	探索性研究
heterogeneity	异质性
homogeneity	同质性
identifiability	可识别性
item-specific error rate model	具体条目误差率模型
local independence	局部独立
maximum likelihood estimation	最大似然估计
minimum marginal reproducibility	最小边际再生性
particularistic	特殊主义
quasi-independence	准独立
scalability	扩展性
scale	尺度
true-type-specific error rate model	真具体类型误差率模型
turnover table	周转表
typology	类型学
universalistic	普适主义

图书在版编目(CIP)数据

潜类别分析/(美)艾伦·L.麦卡琴著;许多多译;
贺光烨校.—上海:格致出版社:上海人民出版社,
2018.5
(格致方法·定量研究系列)
ISBN 978 - 7 - 5432 - 2849 - 8

Ⅰ.①潜… Ⅱ.①艾… ②许… ③贺… Ⅲ.①定量分
析-研究 Ⅳ.①O655

中国版本图书馆 CIP 数据核字(2018)第 049766 号

责任编辑 顾 悦

格致方法·定量研究系列

潜类别分析
[美]艾伦·L.麦卡琴 著
许多多 译
贺光烨 校

出　　版　格致出版社
　　　　　上海人&出版社
　　　　　(200001　上海福建中路 193 号)
发　　行　上海人民出版社发行中心
印　　刷　浙江临安曙光印务有限公司
开　　本　920×1168　1/32
印　　张　4.25
字　　数　81,000
版　　次　2018 年 5 月第 1 版
印　　次　2018 年 5 月第 1 次印刷
ISBN 978 - 7 - 5432 - 2849 - 8/C · 194
定　　价　30.00 元

格致方法·定量研究系列

潜类别分析方法是一种适用于分析多个类别变量之间关系结构的强大工具。它使研究者得以衡量将两个或以上类别变量结合为某些类型或尺度的可行性。同时，它也为这些类别变量之间的潜在结构提供了一个检验假设的方法。

　　本书首先讨论了潜类别模型的基本逻辑与应用领域，接着结合实例介绍了潜类别模型在检验一系列调查条目的尺度属性方面的运用，并在最后介绍了潜类别分析的一个重要的新发展——同时对两个或多个总体的潜在结构进行建模的能力。

主要特点

- 理论结合实例，注重方法的实用性，可读性强
- 对于文中涉及的实例，提供了 MLLSA 程序命令，方便读者模仿练习
- 关注方法的前沿发展，向读者全面展示了潜类别分析方法的灵活性和广泛的应用前景

上架建议：社会研究方法

ISBN 978-7-5432-2849-8

您可以通过如下方式联系到我们：
邮箱：hibooks@hibooks.cn

微信　　　　天猫

定价：30.00元
易文网：www.ewen.co
格致网：www.hibooks.cn